输变电工程造价

分析与控制

国网冀北电力有限公司经济技术研究院　组编
齐　霞　王绵斌　王建军 等　编著

·北京·

内 容 提 要

电网的输变电工程是事关国计民生和国家安全的重要基础设施，是保障经济发展的命脉和动力。然而电网的输变电工程非常复杂，受到的影响因素众多，因此，针对于输变电工程造价而言，难以进行精准的控制。

本书通过介绍输变电工程造价的相关理论以及国家电网公布的通用造价技经指标，给出了在通用造价指标下，如何结合实际数据进行预测，进行一定的对比、修正或补充，找出实际工程和国家电网公司通用造价之间的相关差异，反推形成原因，寻找影响因素，给出控制策略，从而为输变电工程造价控制和评审起到一定的辅助作用。本书不仅有助于解决现有评审工作中存在的问题，还有助于提高工程造价管理人员的管理水平，更有利于提高工程造价评审的效率和科学性。

本书可供电力系统各设计单位以及从事电力工程规划、管理、施工、安装、运行维护等专业人员使用，并可供大专院校相关专业师生参考。

图书在版编目（CIP）数据

输变电工程造价分析与控制 / 齐霞等编著 ; 国网冀北电力有限公司经济技术研究院组编. -- 北京 : 中国水利水电出版社, 2020.11
ISBN 978-7-5170-9015-1

Ⅰ. ①输… Ⅱ. ①齐… ②国… Ⅲ. ①输电－电力工程－造价管理－中国②变电所－电力工程－造价管理－中国 Ⅳ. ①TM7-62②TM63-62

中国版本图书馆CIP数据核字(2020)第224191号

书　　名	输变电工程造价分析与控制 SHUBIANDIAN GONGCHENG ZAOJIA FENXI YU KONGZHI
作　　者	国网冀北电力有限公司经济技术研究院　组编 齐　霞　王绵斌　王建军　等 编著
出版发行	中国水利水电出版社 （北京市海淀区玉渊潭南路1号D座　100038） 网址：www.waterpub.com.cn E-mail：sales@waterpub.com.cn 电话：(010) 68367658（营销中心）
经　　售	北京科水图书销售中心（零售） 电话：(010) 88383994、63202643、68545874 全国各地新华书店和相关出版物销售网点
排　　版	中国水利水电出版社微机排版中心
印　　刷	清淞永业（天津）印刷有限公司
规　　格	145mm×210mm　32开本　4印张　111千字
版　　次	2020年11月第1版　2020年11月第1次印刷
印　　数	0001—1000册
定　　价	**48.00**元

本 书 编 委 会

主　编：齐　霞

副主编：王绵斌　王建军

参　编：刘　娟　尹秀贵　耿鹏云　安　磊

前言

电网工程是事关国计民生和国家安全的重要的基础设施，是经济发展的命脉和动力。近年来，随着电力体制改革的不断深入和国民经济的持续快速增长，我国的电网建设与改造取得了辉煌成就。伴随电网建设突飞猛进的发展，如何提高工程管理的精益化水平、确保建设资金规范化应用愈发重要，电网工程造价管理与控制也因此备受关注。

输变电工程作为电网工程的重要部分，是国家重点投资和建设的基础性能源工程，与广大用户的利益紧密关联。在工程项目建设中，工程造价的管理和控制的影响举足轻重，加强输变电工程建设项目造价管控是电网企业实现可持续发展的需要，而输变电工程造价分析则为造价管控提供了基本手段与关键支撑。如何应用新理念、新方法和新措施加强工程造价管控，是我国电力工程造价管理领域亟待解决的问题。针对输变电工程造价的复杂性，2010—2019 年十年间，国家电网对输变电工程的通用造价进行了总结分析，给出了典型模块的造价计算方案，编制了《国家电网公司输变电工程通用造价》系列丛书，其目的是为各电压等级的具有典型特征的输变电工程造价提供基准和蓝图，为对比分析提供研究参照基础。

就国网冀北电力有限公司经济技术研究院（以下简称“冀北经研院”）技经专业而言，通过多年的一线工作经验，在技经评审方面，依托国网通用造价，利用通用造价给出的模块结合冀北地区输变电工程的特点，编制了工程初设概算。虽然国网公司对输变电工程通用造价分析提供了一定的研究参照基础，但是对于具体地域性的输变电工程造价而言，国网公司颁布的典型模块的通用造价规范需要进行进一步的修正，以适应具有地方区域特性的输变电工程造价模块。由于各区域在实际输变电工程造价时，地形条件、地质条件、可靠性要求等方面存在着差异，导致同样的输变电工程造价模块各地区之间，各地区通用造价和国网公司的典型模块通用造价存在着较大的差异。通过实际工作中发现，在因地制宜地进行输变电工程造价工作时，需要根据国家电网的通用造价模块研究本地通用造价相同模块之间的差异，从而形成供本地输变电工程造价的通用造价参考规范，为快速科学评审输变电工程造价，控制输变电工程造价，提高投资管理效率提供一定的借鉴。

为此，冀北经研院组织相关专家编写本书。以收集、整理冀北地区输变电工程历史造价指标数据为基础，研究并建立基于国网通用造价指标的冀北地区输变电工程数据分析体系，构建输变电工程造价控制的指标体系，分析输变电工程造价的主要影响因素，提高输变电工程造价的管控水平。旨在通过提出创新的数据分析方法，突破现阶段工程初设评审、造价分析工作的瓶颈，强化工程建设造价评审管理，科学并合理地控制工程造价水平，为冀北公司项目投资控制、造价水平分析、工程决策分析等专业技经管理分析工作以及其余电网公司输变电工程造价管控提供可行的方法与依据，期待能够抛砖引玉，激起更多同仁和研究学者的思维火花，引起同行的共鸣，提高我国输变电工程造价管理的水平。

由于编者水平有限，书中有不妥之处，敬请读者提出宝贵建议。

作者

2020年8月

目录

第1章

输变电工程造价控制概论

1.1 输变电工程造价概述

1.1.1 输变电工程造价的定义及计价依据

输变电工程属于电网建设项目的一种，和电网建设总投资一样，如果从大类上分可以分为固定资产投资和流动资金投资两部分。输变电工程造价管理是对整个输变电工程建设阶段的投资进行精细化管理，在管理过程中，除按照固定资产和流动资金投资外，还按照输变电工程项目建设中所包含的各类费用的支出或花费的途径、性质等来继续进行精细化细分，即输变电工程造价是通过各类各项费用划分、汇集所形成的工程总体造价。

因此，输变电工程造价可以定义为：输变电工程造价是指输变电工程项目为形成所需的固定资产，按照确定的建设内容、建设规模、建设标准、功能要求和使用要求等全部建成并经验收合格交付使用所需的全部费用。它主要由静态投资和动态费用组成，其中静态投资包括设备购置费、建筑工程费、安装工程费、其他费用。

输变电工程造价的计价依据主要有输变电工程建设定额、费用定额、工期定额、预算价格与市场价格信息、工程造价指数、与工程造价有关的政策与法规等。其中，输变电工程定额主要包括投资估算指标、概算指标、电力工程概算定额、电力工程预算定额、电力施工定额等，分别适用于不同的建设阶段。各定额有其特定的用途，是确定工程造价必不可少的依据。其中电力工程概算定额、电力工程预算定额、电力施工定额是输变电工程造价分析和控制的重点依据，包含的内容如下：

（1）电力工程概算定额，是根据通用设计和标准图等资料，以输变电工程预算定额或输变电工程单位估价表为基础，按照规定要求经过适当综合扩大，编制的工程建设扩大结构构件、分部工程或扩大分项工程所需的材料、人工、施工机械台班及费用消耗的数量标准。

（2）电力工程预算定额，是消耗在单位工程或子项工程上的材料、人工、机械台班的数量标准。其中既包括材料、人工、机械台班的消耗量实物量，又包括相应的材料费、人工费、机械台班费和预算价价值量。在确定预算定额实物量和价值量标准时，必须以单位工程或子项工程为前提。

（3）电力施工定额，指在正常施工条件下，建筑安装工人或班组完成单位合格建筑安装产品所消耗的材料、人工、机械台班的数量标准，也就是包含材料消耗定额、劳动消耗定额、机械台班使用定额三个部分。从三种定额的性质和用途看，它们之间存在着内在的密切联系，在使用时应相互制约和密切配合，也可以根据不同的需要，单独发挥作用。

1.1.2 输变电工程造价管理的特点

对输变电工程造价进行管理，实际上是对整个输变电工程项目中的投资进行管理，这就需要对整个建设过程的造价投资进行分析及控制，由于输变电项目具有建设周期长、资源消耗量大、影响因素多、实施程序多、计价复杂等一系列特征，因此，反映在输变电工程造价管理上则表现为多主体性、阶段性、动态性、系统性等特点。

1. 多主体性

输变电工程造价管理具有明显的多主体性。对于输变电工程造价管理来说，主体既包括项目法人（如各电网公司或发电公司、政府管理机构），也包括电力相关行业协会、施工单位、设计单位以及造价咨询机构。无论是政府管理机构颁布的法律、法规和条例，电力行业协会对工程造价管理实施的技术指导，还是施工单位、设计单位针对输变电工程造价实施的确定和控制工程造价的行为，造价咨询机构提供的技术服务，都是围绕输变电工程造价管理展开的。

2. 阶段性

输变电工程建设项目一般分为投资决策、工程设计、招标投标、工程施工、竣工验收等阶段，每个阶段的工程造价文件都有其特定的用途和作用，与其对应的工程造价文件可以分为投资估算、设计概算预算、标底报价、工程结算和竣工决算。输变电工程的投资估算是可行性研究的重要依据，批准的投资估算是项目整体造价的控制依据，初步设计概算、施工图预算是设计文件的重要组成部分，也是编制招投标标底的依据。以工程量清单为基础的标底报价是进行施工招投标、确定中标单位的重要依据；工程结算是施工单位控制造价、确定效益的重要手段；竣工决算是投资建设单位确定新增固定资产的依据。这些阶段的工程造价文件既相互联系又具有相对的独立性，每一个阶段要解决的重点问题以及解决的方法也是不同的。

3. 动态性

输变电工程造价管理的动态性主要表现在两个方面：

(1) 输变电工程造价本身的动态性。在输变电工程项目的建设实施过程中有许多不确定因素，例如社会因素、物价水平、自然条件等，这些因素都具有动态性，从而造成了造价的动态性。

(2) 输变电工程造价管理的内容和重点在项目建设的各个阶段的动态性。在投资决策阶段输变电工程造价管理目标是根据决策内容编制一个可以保证决策的正确、可靠的投资估算，在设计阶段，是根据定额标准、技术方案编制初步设计概算和施工图预算；在招标投标阶段，需要使标底和报价能够反映出技术水平和市场的变化；在施工阶段，则是在满足进度和质量的前提下尽可能控制工程造价，以提高投资效益。

4. 系统性

输变电工程造价管理无论是从横向来看，还是从纵向来看，都具备系统性的特点。从横向来看，各个阶段的输变电工程造价管理都可以组成一个系统。如可以按资源消耗的性质组成系统，可以按单项或单位工程组成系统，还可以按工程造价的构成组成系统等。从纵向来看，由投资估算、初步设计概算、施工图预算、标底报价、工程结算、竣工决算组成了工程造价管理的系统。只有把输变电工程造价管理作为一个整体系统来研究，用系统工程的观点、原理、方法来实施管理，才能从整体上真正实现最大的投资效益。

1.2 输变电工程造价管理的基本内容

输变电工程造价管理的目标是为了合理确定工程造价，有效控制工程造价，加强工程造价的全过程动态管理，维护有关各方的经济利益，提高建设单位的投资效益和建筑安装企业经营效益。

输变电工程造价的合理确定主要是以计算或确定工程建设各个阶段工程造价的费用为目标，就是在项目建设的各个阶段，合理确定投资估算、概预算、承包合同价、工程结算、竣工决算。输变电工程建设的客观规律和建筑安装生产方式特殊性决定了，在整个项目建设过程中，由宏观到微观、由粗到细按照建设程序对输变电工程项目进行阶段划分，分阶段事先定价，上阶段控制下阶段，层层控制。这样才能充分有效地使用有限的人力、物力和财力资源，才能合理确定和有效控制工程造价，提高投资效益。

输变电工程造价的有效控制就是在建设程序的各个阶段，在优化设计方案的基础上，运用一定的措施和方法，合理使用人力、物力和财力，把工程造价控制在核定的造价限额以内，取得令人满意的投资效益。分解到输变电工程项目的各个阶段，投资估算应是进行初步设计的造价控制目标，设计概预算应是施工图设计的造价控制目标，工程承包合同价应是施工阶段造价的控制目标。各阶段目标前者控制后者，后者补充前者，组成工程项目造价管理控制的目标系统。各个阶段的工程造价均应控制在上阶段确定的造价限额之内，无特殊情况，不得任意突破。

1.2.1 输变电工程造价管理的阶段划分

输变电工程管理具有阶段性的特点，因此，在对输变电工程造价管理时，可以根据各阶段的特点对输变电工程造价进行分析和控制。输变电工程造价主要分为四个管理阶段，即投资决策阶段、设计阶段、实施阶段及竣工决算阶段。

1. 投资决策阶段

投资决策阶段是对拟建输变电工程项目的必要性和可行性的技术经济方案进行论证，对不同的建设方案进行技术经济比较、判断，选择和决定输变电工程投资行动方案的过程。正确的项目投资决策产生正确的项目投资行动，也是合理确定与控制工程造价的前提。投资决策正确与否，将直接关系到输变电工程造价的高低和投资效果的好坏，关系到输变电工程项目建设投资的成败。项目投资决策阶段的可行性研究是按照有关规定编制投资估算，经有关部门批准作为拟建项目计划控制造价。

2. 设计阶段

设计阶段包括初步设计阶段和施工图设计阶段。初步设计阶段应编制初步设计说明书、主要设备材料的技术规范书，并按照有关规定编制初步设计概算，工程概算受投资估算的控制，经有关部门批准后的收口概算作为拟建项目工程造价的最高限额，一般不允许突破。施工图设计阶段进行施工图设计，并按规定编制施工图预算，将施工图阶段造价控制在批准的初步设计概算内。

据统计，在满足同样功能的条件下，如果对技术经济指标进行合理的设计管控，可降低工程造价5%～10%，甚至可达10%～20%。如果工程缺乏优化设计，而出现功能设置不合理，影响正常使用，就容易造成质量缺陷和安全隐患，从而造成投资额上涨，以及造价控制的失败。抓好设计阶段的工作、做好设计审查是搞好造价管理、控制工程造价的重要环节，可以取得事半功倍的效果。

3. 实施阶段

实施阶段包括招标投标以及工程施工阶段。实施阶段多以施工图预算为基础，进行招标投标造价的控制，对于中标后的造价控制，则是通过经济合同形式确定的承包合同价进行控制。在工程施工阶段，施工方要按照承包方实际完成的工程量，以合同为基础，同时考虑因物价变动，尤其是上涨所引起的造价变化，此外还需考虑到设计中难以预计的而在实施阶段实际发生的工程和费用，从而进行合理的造价管控。

在实际输变电工程造价管理中，由于施工阶段在整个输变电工程建设全过程中占大部分时间，该阶段造价管理细节较多，并且具体而繁琐，对投资的影响度在10%左右。因此，承包方对于造价的控制管理主要是依据合同为基础，根据施工的进行，编制和审核进度款、变更价款及处理有关现场签证和索赔费用，其中承包合同价是造价控制的目标，依据目标采取各种有效措施，加强对造价影响因素的控制，严格控制支出，以确保造价控制目标的实现。

4. 竣工决算阶段

竣工决算阶段造价管理包括编制竣工决算报告情况说明书以及相关的竣工财务决算报表，其中的财务决算报表是在工程建设过程中实际花费的全部费用，目的是如实体现工程项目的实际造价，通过实际造价和前面各阶段的造价比较分析，总结经验，从而为加强输变电工程造价管理提供建议。

在竣工决算阶段进行输变电项目工程造价分析的方法是进行对比分析，将建筑安装工程费、设备工器具费和其他工程费用与竣工决算表中所提供的实际数据和相关资料以及批准的概算、预算指标、实际的工程造价进行对比，并对比整个项目的总概算，然后进行综合分析，以确定竣工项目总造价是节约还是超支，并在对比的基础上，总结先进经验，找出节约和超支的内容和原因，提出改进措施。

综上所述，在输变电工程建设的四个阶段中，包括投资决策阶段、初步设计阶段、施工图设计阶段、工程招投标阶段、施工阶段和竣工验收阶段；对造价进行控制管理分别对应着输变电工程的投资估算、设计概算、施工图预算和承包合同价、工程结算及竣工决算。这四个阶段的造价控制关系为：前者控制后者，后者补充前者。前者控制后者意味着前面阶段所形成的工程投资估算对其后面的各种形式的工程造价管理起着制约作用，是造价管理控制的目标，通过时刻和目标进行对比，从而保证造价被控制在合理的范围之内，实现投资控制目标。因此，在实际输变电工程造价过程中，也经常提到需要避免“三超”现象的发生，即决算超预算，预算超概算，概算超估算。

1.2.2 影响输变电工程造价的因素

1. 项目建设规模及建设水平

输变电工程项目的建设规模的大小决定着输变电工程项目投资的高低，一般而言，建设规模越大，投资越高。此外，输变电工程项目的建设水平也影响着输变电工程项目投资，高标准、高新技术的输变电工程项目投资一般明显超出一般标准和采用传统技术的输变电工程项目投资；其中输变电工程的建设水平主要是指建设标准、技术装备、配套工程等方面的标准。其中建设标准是编制项目可行性研究和投资估算的重要依据，建设标准应根据技术进步和投资者的实际情况制订，根据建设标准，采用技术装备、工艺设计和配套工程的选择以及建设方案对控制工程造价有很大影响，在进行输变电工程项目投资论证时需要格外重视。

2. 项目建设地点环境及技术条件

输变电工程项目的建设地点环境的选择往往会影响到输变电工程造价中，例如建设地点当地经济发展情况，项目建设所在地区的气象、地质、水文等自然环境条件，建设过程中站址选择、路径选择、土地征用、赔偿费用均会对工程项目造价产生较大的影响，因此，项目建设地点和环境在很大程度上决定着项目工程造价的高低，建设地点的经济发展规划也将会影响到共享项目以后的经营状况，影响到项目预期收益。

项目的技术条件是工程造价的一个决定性因素。输变电工程项目中，一般涉及多种技术方案，如输变电工程中仅仅架空线路施工造价设计的技术造价因素就和架空线路同塔架设的不同回路数、杆塔型式、导线截面、电压等级、架空线路经过地所处的地理、地形、地质条件等诸多技术条件息息相关。再如在变电工程中，选取主变压器的单台容量、断路器等设备选型、各级电压等级出线回路、无功补偿容量差别、变压器所在地的相关建筑物装修水平、电气平面布置等诸多技术条件也都不同程度地直接影响着工程造价。

1.3 依据通用造价开展输变电造价分析控制

由于输变电工程造价涉及因素众多，对于整个分析和控制管理是一个系统性的比较复杂的管理问题。国家电网公司为了统一输变电工程的建设标准、保证工程质量、提高输变电工程的设计效率，对典型输变电工程进行了梳理，编制了《国家电网公司输变电工程通用造价》（以下简称“通用造价”）系列丛书，选取较为典型的输变电工程模块的造价实际决算情况进行了梳理，对典型方案进行说明，包括各典型方案的基本技术条件、概算书及工程示例，为各级输变电工程提供造价控制和管理的参考依据。

1.3.1 通用造价编制总体原则

通用造价编制的总体原则为方案典型、造价合理、编制科学、优化标准、使用简洁、灵活适用。通用造价以“安全可靠、优质适用、性价合理”作为输变电工程建设的总体标准，在设备选型时，主要选取国内或合资厂家的技术先进、质量优良、性能价格的相关设备；在技术选择时，主要采用对通用方案设计优化，采用较新的设计标准；按照新版预规和定额重新编制通用造价。

通用造价按照输变电工程的特点，主要分为输电工程，也就是线路工程和变电工程两大类，其中两大类工程又按照不同的电压等级和地区进行了典型输变电工程项目模块的选取，整个通用造价丛书于 2014 年、2018 年和 2019 年陆续出版相关的分册，其中 2014 年发行的最多，总结了各类电压等级，如 750kV、500kV、330kV、220kV、110kV 和 66kV 等的输变电工程通用造价；2018 年出版了电缆线路分册，2019 年针对高海拔地区等出版了特殊地形地质条件下的输变电工程通用造价。总的来说，通用造价编制具有如下特点：

（1）方案典型，结合实际。通用造价是以输变电工程通用设计为基础，通过对大量实际工程的统计、分析，结合各地区输变电工程建设实际特点，合理归并、科学优化典型方案而选择的各个方案。

（2）标准统一，造价合理。通用造价统一了编制原则、编制深度和编制依据，按照国家电网公司总体建设标准，综合考虑各地区工程建设实际情况，体现近年输变电工程造价的综合平均水平。

（3）模块全面，边界清晰。通用造价贯彻模块化设计思想，明确模块划分的边界条件，编制了典型方案、基本模块和子模块的造价，最大限度满足输变电工程设计方案需要，增强通用造价的适应性和灵活性。

（4）总结经验，科学修编。通用造价通过分析原有典型方案的适应性，提出既能满足当前建设要求又具有一定超前性的典型方案，依据新设计规程规范、新的建设标准，使用现行概算编制依据，优化假设条件，引入综合本体造价控制指标，使通用造价更合理、科学。

（5）使用灵活，简洁适用。通用造价包括典型方案、基本模块和子模块造价。通过灵活组合，能够计算出与各类实际工程相对应的通用造价水平，为分析输变电工程造价的合理性提供依据。

1.3.2 通用造价在输变电工程造价控制中的推广应用方法

由于通用造价是从工程实际出发，充分考虑电网工程技术进步、国家政策等影响工程造价的各类因素总结形成的造价参考，因此可以作为很多输变电工程实际造价的参考点，结合实际情况，查看并分析实际输变电工程造价和通用造价差异产生的原因，从而进行输变电工程造价管理的控制。在对通用造价进行实际控制时，需要注意以下方面：

（1）处理好实际工程与通用造价的关系。通用造价的编制是在通用设计的基础上，按照工程造价管理的要求，合理调整、完善典型方案种类，进一步明确所有方案的编制依据。通用造价本意是提供输变电工程相同模块造价投资细致分析的参考点，作为评价工程投资合理与否的标准和衡量尺度。而实际工程往往和通用造价实际处理细节存在不同，需要对实际工程中各项造价的项目偏差进行分析和比较，在应用时需妥善处理好两者之间的关系，加强工程造价管控。

（2）因地制宜。通用造价按照《电网工程建设预算编制与计算规定》计算每个典型方案及模块各类费用的具体造价，对于计价依据明确的费用，在实际工程设计、评审、管理中必须严格把关；对于建设场地征用及清理费用等随地区及工程差异较大、计价依据未明确的费用，应根据实际情况进行合理的比较、分析、控制。

（3）滚动发展，与时俱进。通用造价在出版时具有一定的时效性，由于国家有关工程建设标准和造价编制依据会经过时间的推移进行不断的修订完善，此外设备材料价格水平变化以及输变电工程技术创新等因素也在与时俱进，因此，在编制通用造价时，需要注意上述时效性。同时，在通用造价的基础上，与时俱进，结合时效性进行更新、补充和完善，在采用通用造价作为参考点进行造价控制时，也需关注电网技术进步、政策调整、市场变化的时效性，结合工程建设实际工作需要进行造价的管控。

第2章

输变电工程造价分析及控制发展历程及方法

2.1 输变电工程造价分析的发展历程

2.1.1 国外输变电工程造价分析发展历程

国外对于工程造价分析和管理以英国的管理模式为早期代表，英国的工程造价管理有着悠久的历史，有专门的皇家测量师协会，协会在工程建设过程中处于主导地位，根据发布的统一工料测量标准以及价格指数对工程项目造价进行分析指导，从业主有投资意向时开始，就结合相关数据分析，引入造价控制的思想，有一种良好的预控机制。

工程造价预测是工程分析和控制的基础性工作，早期的工程造价预测方法起源于房屋建设工程。最早的工程造价预测方法出现在1962年，是由英国工程造价信息服务部提出的BCIS模型。此模型通过选择一个最类似的已完工程，分别预测工程的基础部分、主体部分、内装修部分、外部工作部分、设备安装部分和公共服务设施部分的单位平方米造价，然后将其相加得到总的单位平米造价。该方法实际是利用已经完工的最相似的工程作为参考点，完成整个工程造价的分析和预测，其思想类似于上一节提到的通用造价编制的作用。

其工程造价的分析预测模型为

$$C=\sum_{i=1}^{n}(tg)g_uR_i \tag{2-1}$$

式中：C 为单位平方米造价估计；R_i 为每部分 i 的单位造价；t 为用户部分所添加的时间调整系数；g 为数量调整系数；g_u 为质量调整系数。

这种模型计算简单，但是灵活性差，其准确性仅取决于选取的已完工程和预测工程的相似程度，相似程度越高，准确性越好。随着房屋建设工程造价的应用推广，利用相似工程进行输变电工程造价的分析和预测也应用于输变电工程造价管理中。

1974 年，英国的 Koehn 和 Kouskoulas 利用统计学中的回归分析方法，给出了造价的回归分析预测模型。通过随机抽样的方法选取了 38 个已完工程造价数据，对模型中的参数进行预估，使得模型预测的准确度达到 99.8%。自此，很多的统计分析量化分析和预测模型开始应用于工程造价分析和预测中，当然也开始应用在输变电工程造价管理中。

20 世纪 80 年代初，由于计算机技术的发展，出现了以蒙特卡罗（Monte Carlo）方法为基础的利用计算机进行工程造价的仿真分析和预测模型——蒙特卡罗随机模拟预测模型。该模型认为影响工程造价的许多因素都是不确定的，因此不应该追求某个精确的值，而应估计实际造价落在某个范围的概率是多少。根据这种思想，用计算机来模拟实际的施工过程。以输变电工程造价分析和预测为例，针对每个分项工程，给出可能的分项造价的先验概率，由计算机产生随机数。这个随机数进入下一个分项工程，再结合这项工程的先验概率，又产生一个随机数，这些随机数代表了每个单项工程的实际造价。依次进行下去，直至全部工程模拟完毕，所有造价之和作为总的造价估计。这个随机模型的优点是符合客观实际，增强了预测结果的准确性，但缺点是计算麻烦，对输变电工程的设计要求必须达到一定的深度，否则无法模拟。

20世纪90年代以来，随着计算机技术，尤其诸如遗传算法、人工神经网络等人工智能技术的发展，工程造价分析开始借鉴人工智能技术进行分析和预测，人工智能技术在建立工程造价预测模型方面有着十分广泛的应用。此外，专家系统通过模拟专家对于造价的经验性分析，也开始应用于造价分析预测中，专家系统主要靠专家的知识对工程造价进行预测，因此对于造价分析的准确性取决于预测专家的经验，并要求知识库经常更新，其中较好的是加拿大的Revay管理系统公司（ILMS）开发的CT-4软件，它将成本与工期管理集合在一起，能够及时、准确地反映信息，满足灵活、开放的造价管理需求。法国和意大利在输变电工程造价预测方面也有一套建立在对现有工程资料分析基础上的科学方法。

随着大数据时代的到来、互联网技术以及计算机技术的进一步发展，当前英美等国的输变电工程造价管理能够参照大量数据信息，通过分析提供更为准确的工程造价预测和高效的造价控制。在大数据时代背景下，输变电工程造价分析管控进一步提高得益于对大量已完成的输变电工程造价成果的搜集、汇总、整理、分析，并在此基础上建立了智能化的分析和预测管控系统，采用数据挖掘等科学的数据分析手段，提供准确及时的信息，指导输变电工程造价建设全过程。

2.1.2 国内输变电工程造价预测研究现状

输变电工程属于电力工程造价的一种，因此，目前在我国的输变电工程造价建设造价中，主要依据电力工程造价遵循或参考的主要文件和规定，包括：

（1）《〈电网工程建设预算编制与计算标准〉使用指南》（简称预规）。

（2）国家或地方造价主管部门颁布的关于电力工程的概预算定额及价目本。

（3）其他与电力造价相关标准或文件规定。

输变电工程造价的概预算定额是按照电力建设相应工程的现阶段合理施工组织水平，确定在项目建设过程中可以单独施工的最小单件消耗人工工日、辅助材料和机械台班数量的标准。价目本是参照一定时期的物价水平，把定额对应的量转换成定额的单价金额，价目本和定额严格地一一对应。概预算定额和价目本是计算和控制输变电工程造价的重要依据。

在我国现阶段，输变电工程造价是按照国家和电力行业的相关规定和标准、主要是电力建设概预算定额而取得的。此基础上，按一定费率取得和工程建设有关的其他费用（如间接费、税金等），最后汇总以上各项费用，得到总造价。这就是输变电工程造价的一般计算方法。

从国内的造价研究历程上看，早期关于工程造价分析预测方法的研究较少，进入 20 世纪 80 年代以后，随着各种建设工程的蓬勃发展以及国外先进造价管理经验的引入，工程造价预测的方法问题也越来越受到关注。除了上述常用的定额概预算造价预测和清单计价方法外，工程造价研究人员和相关学者也逐渐开始将主要的回归统计模型、模糊数学、灰色关联度、蒙特卡罗、人工神经网络和支持向量机等方法引入到输变电工程造价分析和预测中，对造价进行管控，并指出输变电工程造价属于高维小样本条件下的建模问题，还有学者通过筛选关键因素，建立造价控制评价指标体系对输变电工程造价进行控制。

近年来，随着互联网技术以及大数据技术的发展，国内也出现了基于深度学习与聚类技术等大数据方法和理论结合提高输变电工程造价分析预测管理水平的研究。但是基于上述大数据分析技术的数理本质在进行输变电工程造价分析预测时，要求训练样本规模较大才能保证算法的鲁棒性和收敛性，然而我国当前工程造价预测的类似工程样本数据量难以满足要求，因此利用大数据相关技术进行输变电工程造价分析预测还需要进一步的研究和努力。

2.2 输变电工程造价控制的发展历程

输变电工程造价控制一般是通过设置一个造价费用目标，然后通过实际花费的全部费用和预期目标的差异分析及管控进行实现的。输变电工程造价一般由分项费用构成，如设备材料购置费、建筑安装工程费和工程建设费等，因此，在输变电工程造价控制时，通过分项控制，再到总项控制得以分级管控实现。

目前输变电工程造价一般首先由输变电工程建设发包方进行造价参考目标的造价编制，然后根据编制的造价参考值进行造价管理和控制。目前国外通用的造价编制方式有两种：一种是基于同类历史工程统计数据的工程造价编制方法；另一种是基于标准概预算定额的工程造价编制方法。

2.2.1 基于同类历史工程统计数据的工程造价编制方法

目前国外常用的基于同类历史工程统计数据的造价编制方法主要以英国、美国、日本三国为代表。

英国工程造价管理体系中没有统一的定额，只有参与工程建设各方共同遵守的计量、计价的基本规则，其中对于造价依据以英国皇家特许测量师学会（RISS）颁布的《建筑工程工程量计算规则》（SMM）为标准，按照类似工程套用相关计算规则和准则进行造价的编制。RISS 是独立于业主和承包商之外的组织，有很大的权限。业主在拟建工程时，一般要请工料测量师来进行可行性研究、投资预测、招投标文件编制、设计阶段及施工阶段的投资控制。其主要特点是独立于政府，由专业组织进行运作，由专业组织对整个工程造价进行控制。

美国主要采用的是基于同类历史工程统计数据的工程造价编制方法。在进行输变电工程造价进行概预算时，其概预算定额主要将企业自身或者工程咨询公司多年积累的同类工程项目统计数据作为依据。此外，美国联邦政府、州政府和地方政府也根据各自积累的工程造价资料，并参考各工程咨询公司有关造价的资料，对各自管辖的政府工程项目制定相应的计价标准，作为项目费用控制的依据。

日本的工程造价管理模式主要由三部分组成：①日本建设省发布的一整套工程计价标准，如《建筑工程积算基准》《土木工程积算基准》等；②采用量、价分开的定额制度，量是公开的，价是保密的。劳务单价通过银行调查取得，材料、设备价格由“建设物价调查会”和“经济调查会”负责定期采集、整理和编辑出版；③政府投资的项目与私人投资的项目实施不同的管理控制方案，以适用不同尺度的控制。

国外的工程造价管理的主要特点是政府间接调控，政府对造价的管理主要采取间接手段，即从价格、税收、利率政策等方面进行政策引导和信息指导；对工程造价的计价标准不由政府部门统一制定，而是由大型机构和公司制定，这些机构内部都形成了自己的定额和消耗指标体系，并且做到了及时补充更新，利用多渠道的信息发布体系定期发布工程造价资料信息，如价格指数、成本指数等来指导工程造价工作，对工程造价进行控制。

2.2.2 基于标准概预算定额的工程造价编制方法

我国输变电工程造价的控制实际上实施的是典型的基于概预算定额的工程造价编制方法。在输变电工程造价中，利用概预算定额作为造价编制的依据，进行分项造价和总造价的编制，并以此作为输变电工程造价控制的参考基准，在控制中着重避免出现“三超”现象。

以定额为主的输变电工程造价的确定与控制，实际上包括了定额、费用标准、人工、材料、机械费等预算价格及工程计价方法等一整套概预算管理制度，工程造价管控模式将工程概、预、结算与定额管理工作进行逐阶段管理，并且输变电工程中的人工、材料、机构费的价格及管理费、利润等均受国家政策的控制与管理。通过工程预算定额“量”“价”合一，并且间接费、其他基本建设费、利润等均按政府以及相关部门核准的价格和费率进行编制、审查和控制，从而完成整个输变电工程的造价控制和管理。

2.3 输变电工程造价常用的分析预测方法

输变电工程建设是一项复杂的系统工程，随着计算机数据存储技术的发展，输变电工程建设相关单位通过多年的工作积累了一定的历史工程造价数据，也具有了一定统计分析的数据基础，并且随着建设工程的不断累计，计算机数据存储量的不断扩充，对于待建工程也会出现相似可类比的工程项目数据。因此，在实际造价分析预测中，很多单位除了根据定额方法外，还会根据相关的数据统计模型或者是其余机器统计学习方法，根据实际工程进行造价分析预测研究，通过分析预测得到更加精准的造价预测值。

目前关于工程造价分析预测相关的常用统计分析方法有回归预测方法、灰色预测方法、以神经网络预测方法以及支持向量机模型为代表的计算机统计学习技术。这四种模型的详述如下。

2.3.1 回归预测方法

回归分析法包括一元线性回归分析以及多元线性回归分析两种基本模型，在实际造价的分析预测中，根据造价的复杂程度以及数据规律的特点，通过选取和造价分析预测值相关的自变量进行建模，如果自变量超过一个，则为多元回归分析模型，自变量取一个时，为一元线性回归分析模型，其中一元线性回归模型是回归分析预测的基础，这里予以介绍，多元线性回归模型可以通过矩阵的形式仿照一元线性回归分析模型进行推导。

在一元线性回归中，自变量是可控制或可以精确观察的变量（如工程量，价格等），用 x 表示，因变量是依赖于 x 的随机变量（如造价），用 y 表示。假设 x 与 y 的关系为

$$y=a+bx+\varepsilon \tag{2-2}$$

式中：ε 为随机误差，也称为随机干扰，在一元线性回归中，假设它服从正态分布 $N(0, \sigma^2)$；a，b 及 σ^2 都是不依赖于 x 的未知参数。

x 与 y 的这种关系称为一元线性回归模型。这种模型也可以记为

$$y=a+bx+\varepsilon,\varepsilon \sim N(0,\sigma^2) \tag{2-3}$$

对固定的 x，$y \sim N(a+bx, \sigma^2)$，即随机变量 y 的数学期望为

$$E(y)=a+bx \tag{2-4}$$

这是由于 $E(y_i)=E(a+bx_i+\varepsilon_i)=E(a+bx_i)+E(\varepsilon_i)=a+bx_i+0$

显然 $E(y)$ 是 x 的函数，称它为 y 关于 x 的回归。在实际问题中，对自变量 x 和因变量 y 作 n 次试验观察，且在 x 的不全相同的各个值上对 y 的观察是相互独立的，其 n 对观察值记为 (x_i, y_i)，其中 $x=x_1, x_2, \cdots, x_n$，$y=y_1, y_2, \cdots, y_n$，其中，$i=1, 2, \cdots, n$ 为样本。如果依据样本能估计出未知参数 a、b 记估值分别为 $\hat{a}$、$\hat{b}$。

则

$$\hat{y}=\hat{a}+\hat{b}x \tag{2-5}$$

式（2-5）为 y 关于 x 的线性回归方程，$\hat{b}$ 为回归系数，回归方程的图形称为回归直线，如图 2-1 所示。其中，关于 a、b 的估计值可以利用最小二乘法估计。为此，做离差平方和为

$$Q(a,b)=\sum_{i=1}^{n}(y_i-a-bx_i)^2 \tag{2-6}$$

选取参数 a、b 使 $Q(a, b)$ 达到最小。利用高等数学中的求极值法，令

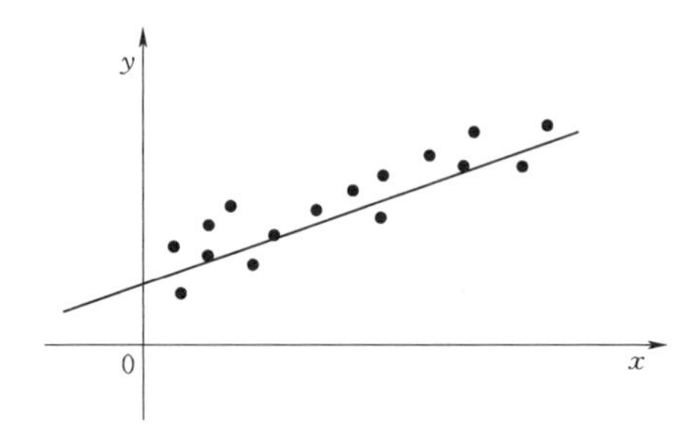

图 2-1 散点图

$$\begin{cases}\dfrac{\partial Q}{\partial a}=-2\sum_{i=1}^{n}(y_i-a-bx_i)=0\\ \dfrac{\partial Q}{\partial b}=-2\sum_{i=1}^{n}(y_i-a-bx_i)x_i=0\end{cases} \tag{2-7}$$

将其变形为

$$\begin{cases}na+(\sum_{i=1}^{n}x_i)b=\sum_{i=1}^{n}y_i\\ (\sum_{i=1}^{n}x_i)a+(\sum_{i=1}^{n}x_i^2)b=\sum_{i=1}^{n}x_iy_i\end{cases} \tag{2-8}$$

此方程组称为正规方程组。因为解方程组得到的不是 a 和 b 的真值，而是它们的估计值，所以在式（2-8）中，用 $\hat{a}$ 和 $\hat{b}$ 分别代替 a 和 b，得

$$\begin{cases}n\hat{a}+(\sum_{i=1}^{n}x_i)\hat{b}=\sum_{i=1}^{n}y_i\\ (\sum_{i=1}^{n}x_i)\hat{a}+(\sum_{i=1}^{n}x_i^2)\hat{b}=\sum_{i=1}^{n}x_iy_i\end{cases} \tag{2-9}$$

由于 x_i 不全相同，式（2-9）的系数行列式为

$$\begin{vmatrix} n & \sum_{i=1}^{n}x_i \\ \sum_{i=1}^{n}x_i & \sum_{i=1}^{n}x_i^2 \end{vmatrix}=n\sum_{i=1}^{n}x_i^2-(\sum_{i=1}^{n}x_i)^2=n\sum_{i=1}^{n}(x_i-\overline{x})^2\neq 0$$

故式（2-9）有唯一的一组解

$$\begin{cases}\hat{b}=\dfrac{n\sum\limits_{i=1}^{n}x_iy_i-\left(\sum\limits_{i=1}^{n}x_i\right)\left(\sum\limits_{i=1}^{n}y_i\right)}{n\sum\limits_{i=1}^{n}x_i^2-\sum\limits_{i=1}^{n}(x_i)^2}=\dfrac{\sum\limits_{i=1}^{n}(x_i-\overline{x})(y_i-\overline{y})}{\sum\limits_{i=1}^{n}(x_i-\overline{x})^2}\\ \hat{a}=\dfrac{1}{n}\sum\limits_{i=1}^{n}y_i-\dfrac{\hat{b}}{n}\sum\limits_{i=1}^{n}x_i=\overline{y}-\hat{b}\overline{x}\end{cases} \tag{2-10}$$

其中

$$\overline{x}=\frac{1}{n}\sum_{i=1}^{n}x_i,\overline{y}=\frac{1}{n}\sum_{i=1}^{n}y_i$$

当 a、b 的估计值 $\hat{a}$ 和 $\hat{b}$ 求出后，便得出 y 对 x 的线性回归方程式

$$\hat{y}=\hat{a}+\hat{b}x \tag{2-11}$$

2.3.2 灰色预测方法

灰色预测方法理论自 20 世纪 80 年代由我国学者邓聚龙教授提出后，已经在各个方面得到广泛的应用。灰色模型用于预测时首先把待预测数据当作灰数，通过数据生成（累加、累减、均值和级比生成）得到新的数据列，从而减少数据的随机性，用此数据建立灰色模型进行预测，最后将预测值还原得到最终的预测值。应用灰色理论进行预测，具有样本少、计算简单、精度高和实用性好的优点。

灰色预测最具一般意义的模型是由 h 个变量的 n 阶微分方程描述的模型，称为 GM(n，h）模型，作为一种特例的 GM(1，1）模型是最常用的一种灰色模型，它是由一个只包含单变量的一阶微分方程构成的模型，是作为电力负荷预测的一种有效的模型，是 GM(1，n）模型的特例。建立 GM(1，1）模型只需要一个数列 $x^{(0)}$。

设有变量为 $x^{(0)}$ 的原始数据序列

$$x^{(0)}=[x^{(0)}(1),x^{(0)}(2),\cdots,x^{(0)}(n)]$$

用 1 - AGO 生成一阶累加生成序列

$$x^{(1)}=[x^{(1)}(1),x^{(1)}(2),\cdots,x^{(1)}(n)]$$

其中

$$x^{(1)}(k)=\sum_{i=1}^{k}x^{(0)}(i) \quad k=1,2,\cdots,n \tag{2-12}$$

由于序列 $x^{(1)}(k)$ 具有指数增长规律，而一阶微分方程的解恰是指数增长形式的解，因此我们可以认为 $x^{(1)}$ 序列满足下述一阶线性微分方程模型

$$\frac{\mathrm{d}x^{(1)}}{\mathrm{d}t}+ax^{(1)}=u \tag{2-13}$$

因 a、u 未知，无法直接解方程，须先求出参数 a、u。

根据导数定义，有

$$\frac{\mathrm{d}x^{(1)}}{\mathrm{d}t}=\lim_{\Delta t\to 0}\frac{x^{(1)}(t+\Delta t)-x^{(1)}(t)}{\Delta t} \tag{2-14}$$

若以离散形式表示，微分项可写成

$$\frac{\Delta x^{(1)}}{\Delta t}=\frac{x^{(1)}(k+1)-x^{(1)}(k)}{k+1-k}=x^{(1)}(k+1)-x^{(1)}(k)$$
$$=\alpha^{(1)}[x^{(1)}(k+1)]=x^{(0)}(k+1) \tag{2-15}$$

其中 $x^{(1)}$ 值只能取时刻 k 和 $k+1$ 的均值，即 $\frac{1}{2}[x^{(1)}(k+1)+x^{(1)}(k)]$。

因此，模型可改写成

$$\alpha^{(1)}[x^{(1)}(k+1)]+\frac{1}{2}a[x^{(1)}(k+1)+x^{(1)}(k)]=u \tag{2-16}$$

可推出 $k=1$，$x^{(0)}(2)+\frac{1}{2}a[x^{(1)}(1)+x^{(1)}(2)]=u$

$k=2$，$x^{(0)}(3)+\frac{1}{2}a[x^{(1)}(2)+x^{(1)}(3)]=u$

$$\vdots$$

$$k=n-1,\quad x^{(0)}(n)+\frac{1}{2}a\left[x^{(1)}(n)+x^{(1)}(n-1)\right]=u$$

将上述结果写成矩阵形式有

$$\begin{pmatrix} x^{(0)}(2) \\ x^{(0)}(3) \\ \vdots \\ x^{(0)}(n) \end{pmatrix}=\begin{pmatrix} -\frac{1}{2}\left[x^{(1)}(1)+x^{(1)}(2)\right] & 1 \\ -\frac{1}{2}\left[x^{(1)}(2)+x^{(1)}(3)\right] & 1 \\ \vdots & \vdots \\ -\frac{1}{2}\left[x^{(1)}(n-1)+x^{(1)}(n)\right] & 1 \end{pmatrix}\begin{pmatrix} a \\ u \end{pmatrix} \tag{2-17}$$

简记为

$$Y_n=BA \tag{2-18}$$

式中 $Y_n=\begin{pmatrix} x^{(0)}(2) \\ x^{(0)}(3) \\ \vdots \\ x^{(0)}(n) \end{pmatrix}$，$A=\begin{pmatrix} a \\ u \end{pmatrix}$，

$$B=\begin{pmatrix} -\frac{1}{2}\left[x^{(1)}(1)+x^{(1)}(2)\right] & 1 \\ -\frac{1}{2}\left[x^{(1)}(2)+x^{(1)}(3)\right] & 1 \\ \vdots & \vdots \\ -\frac{1}{2}\left[x^{(1)}(n-1)+x^{(1)}(n)\right] & 1 \end{pmatrix}$$

式中：Y_n 和 B 为已知量；A 为待定参数。

由于变量只有 a 和 u 两个，而方程个数却有（$n-1$）个，而（$n-1$）>2，故方程组无解。但可用最小二乘法得到最小二乘近似解。因此式（2-18）可改写为

$$Y_n=B\hat{A}+E \tag{2-19}$$

式中：E 为误差项。

欲使 $\min\|Y_n-B\hat{A}\|^2=\min(Y_n-B\hat{A})^{\mathrm{T}}(Y_n-B\hat{A})$

利用矩阵求导公式，可得

$$\hat{A}=(B^{\mathrm{T}}B)^{-1}B^{\mathrm{T}}Y_n=\begin{pmatrix}\hat{a}\\ \hat{u}\end{pmatrix} \tag{2-20}$$

将所求得的 $\hat{a}$，$\hat{u}$ 代回原来的微分方程，有

$$\frac{\mathrm{d}x^{(1)}}{\mathrm{d}t}+\hat{a}x^{(1)}=\hat{u} \tag{2-21}$$

解之可得

$$x^{(1)}(t+1)=\left[x^{(1)}(1)-\frac{\hat{u}}{\hat{a}}\right]\mathrm{e}^{-\hat{a}t}+\frac{\hat{u}}{\hat{a}} \tag{2-22}$$

写成离散形式（因 $x^{(1)}(1)=x^{(0)}(1)$），得

$$x^{(1)}(k+1)=\left[x^{(0)}(1)-\frac{\hat{u}}{\hat{a}}\right]\mathrm{e}^{-\hat{a}k}+\frac{\hat{u}}{\hat{a}}\quad(k=0,1,2,\cdots) \tag{2-23}$$

式（2-23）是GM(1，1）模型灰色预测的具体计算公式，对此式再做累减还原，得原始数列 $x^{(0)}$ 的灰色预测方法为

$$\begin{aligned}\hat{x}^{(0)}(k+1)&=\hat{x}^{(1)}(k+1)-\hat{x}^{(1)}(k)\\&=(1-\mathrm{e}^{\hat{a}})\left(x^{(0)}(1)-\frac{\hat{u}}{\hat{a}}\right)\mathrm{e}^{-\hat{a}k}\quad(k=0,1,2,\cdots)\end{aligned} \tag{2-24}$$

2.3.3 神经网络预测方法

神经网络是源于人脑神经系统的一种模型，具有模拟人的部分形象思维能力，它是由大量的人工神经元密集连接而成的网络，为和生物学中的神经网络予以区分，计算机中的神经网络模型也称为人工神经网络。人工神经网络是一种不依赖于统计模型的方法，比较适合具有不确定性或高度非线性的对象，具有较强的适应和学习功能。神经网络模型众多，其中成熟的网络结构和训练方法的组合就具有几十种，在预测中常用的神经网络模型有BP模型、RBF神经网络等。人工神经网络具有大规模分布式并行处理、非线性、自组织、自学习、联想记忆等优良特性。

在神经网络的计算方法中，BP 神经网络（BPNN）方法是最常用的神经网络算法，是一种正向前馈神经网络，利用最速梯度下降法的误差逆传播对网络权值和阈值进行不断的修正，一直到终止条件满足为止。BP 神经网络能学习和存贮大量的输入—输出模式映射关系，无需使用者具有描述这种映射关系的数学方程的相关知识，根据 Kolmogorov 的相关定理，可以由一个包括输入层（input layer）、隐层（hidden layer）和输出层（output layer）的三层 BP 神经网络对非线性映射进行任意精度的逼近。从数学意义上讲，若输入层的节点数为 n，输出层节点数为 l，BP 神经网络是从 R^n 到 R^l 的一个高度非线性映射，在所选网络的拓扑结构下，通过学习算法调整各神经元的阈值和连接权值使误差信号取值最小。图 2-2 所示的是一个典型的三层 BP 神经网络拓扑结构示意图。

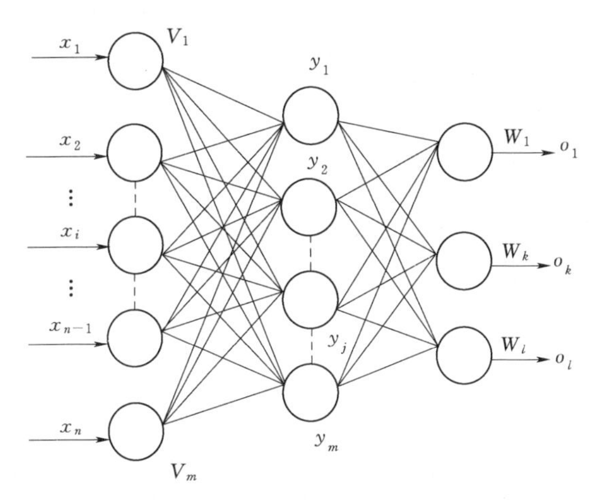

图 2-2　三层 BP 神经网络拓扑结构示意图

从图中可以看出 BP 神经网络的存储信息的结构可以分为以下两个部分：①网络的体系结构，即网络输入层、隐层和输出层神经元个数；②相邻节点之间的连接权值。

整个 BP 神经网络算法学习过程由信息的正向传递和误差的

反向传播两个部分组成。在正向传递中，输入信息从输入层经隐层逐层计算传向输出层，每层神经元的状态仅仅影响下一层神经元的状态，如果在输出层没有得到期望的输出值，则通过计算输出层的误差变化值转向反向传播，通过网络将误差信号沿原来的连接通路反向传播回去，用以修改各层神经元的权值，如此反复直到达到期望目标后终止运算。以图2-2中的神经网络结构为例，假设BP神经网络模型为三层网络结构，输入层单元数为n个；隐含层节点的个数为m个（一般是输入层节点个数的2倍以上，即$m>2n$），输出层单元个数l个，E_p为模式p下全网络的误差函数，t_{pj}为模式p下节点j的希望输出值，O_{pj}为模式p下节点j的实际输出值，w_{ij}为节点i到j之间联系的权重，θ_j为节点j的阈值。则BP神经网络的训练过程如下：

计算各节点希望输出值与实际输出值之差的平方和E_p

$$E_p=\frac{1}{2}\sum_{j=1}^{m}(t_{pj}-O_{pj})^2 \tag{2-25}$$

其中节点j的净输入NET_{pj}为

$$NET_{pj}=\sum_{i=1}^{m}W_{ij}O_{pi}-\theta_j \quad (j=1,\cdots,l) \tag{2-26}$$

其中，上式的求和是对所有节点j的输入量进行的，如果节点j处于输出层，则O_{pj}由下式加权及阈函数决定，即

$$O_{pj}=f_i\left(\sum_{i=1}^{l}W_{ij}O_{pi}-\theta_j\right) \quad (j=1,\cdots,l) \tag{2-27}$$

其中阈值θ_j为常数，其取值范围为（−1，+1）。若BP神经网络的训练误差函数取最小值，需要使每次训练得到的E_p关于W_{ij}的导数为负值，由隐函数的求导法则可得

$$\frac{\partial E_p}{\partial W_{ij}}=\frac{\partial E_p}{\partial NET_{pj}}\frac{\partial NET_{pj}}{\partial W_{ij}}(i=1,2,\cdots,m;j=1,2,\cdots,l_j) \tag{2-28}$$

代入后推导公式可得

$$\frac{\partial NET_{pj}}{\partial W_{ij}}=\frac{\partial}{\partial W_{ij}}\sum_{k=1}^{L}W_{kj}O_{pk}=\sum_{k=1}^{L}\frac{\partial W_{kj}}{\partial W_{ij}}O_{pk}=O_{pk} \tag{2-29}$$

其中

$$\frac{\partial W_{kj}}{\partial W_{ij}}=\begin{cases}0 & i\neq k\\1 & i=k\end{cases}$$

式（2-28）右边第一个因子为

$$-\frac{\partial E_p}{\partial NET_{pj}}=\sigma_{pj} \tag{2-30}$$

将式（2-29）及式（2-30）代入式（2-28），有

$$-\frac{\partial E_p}{\partial W_{ij}}=\sigma_{pj}O_{pk} \tag{2-31}$$

要减少误差函数 E_p 的值，就要使权重的变化量 ΔW_{ij} 正比于 $\sigma_{pj}O_{pk}$，即

$$\Delta W_{ij}=\eta\sigma_{pj}O_{pk} \tag{2-32}$$

式中：η 为比例系数。当求解出 σ_{pj} 时，可以通过决定权重的改变量对权重进行调整，其中 σ_{pj} 的表达式可以写成

$$\sigma_{pj}=-\frac{\partial E_p}{\partial NET_{pj}}=-\frac{\partial E_p}{\partial O_{pj}}\cdot\frac{\partial O_{pj}}{\partial NET_{pj}} \tag{2-33}$$

代入式（2-33）中的 $\frac{\partial O_{pj}}{\partial NET_{pj}}$ 可得

$$\frac{\partial O_{pj}}{\partial NET_{pj}}=f_j'(NET_{pj}) \tag{2-34}$$

推导可得

$$\frac{\partial E_p}{\partial O_{pj}}=-(t_{pj}-O_{pj}) \tag{2-35}$$

继续推导得

$$\sigma_{pj}=f_j'(NET_{pj})(t_{pj}-O_{pj}) \tag{2-36}$$

假设 j 是输出单元，可以将上述公式联立进行求解得到 σ_{pj}

和 ΔW_{ij}。若 j 不是输出单元而是隐含层单元，可以继续通过隐函数的求导方法得

$$\frac{\partial E_p}{\partial O_{pj}}=\frac{\partial E_p}{\partial O_{pj}}=\sum_{k=1}^{M}\frac{\partial E_p}{\partial NET_{pk}}\times\frac{\partial NET_{pk}}{\partial O_{pj}}$$

$$=\sum_{k=1}^{M}\frac{\partial E_p}{\partial NET_{pk}}-\frac{\partial}{\partial O_{pj}}\times\left(\sum_{k=1}^{M}w_{ik}O_{pj}-\theta_j\right)$$

$$=-\sum_{k=1}^{M}\sigma_{pk}W_{jk}\quad(j=1,2,\cdots,m)\tag{2-37}$$

其中 k 表示的是和隐含层节点 j 相连的输出节点，得到计算出的数值后，可以得出中间层 σ_{pj} 的取值为

$$\sigma_{pj}=f'_j(NET_{pj})\cdot\sum_{k=1}^{M}\sigma_{pk}W_{jk}\quad(j=1,2,\cdots,m)\tag{2-38}$$

假设选取 S 型函数作为阈函数（S 的意义为修正系数），则有

$$f(x)=1/(1+\mathrm{e}^{-sx})\tag{2-39}$$

通过求导可得公式

$$f'(x)=\frac{S\mathrm{e}^{-sx}}{(1+\mathrm{e}^{-sx})^2}=Sf(x)[1-f(x)]SO_{pj}(1-O_{pj})\tag{2-40}$$

从上面的计算过程中可以看出 BP 神经网络的算法由以下三个计算过程组成：

(1) 从输入层开始经隐层向输出层方向进行“模式顺序传播”过程。

(2) 通过神经网络的希望输出值和神经网络实际输出值算出误差信号，通过误差信号由输出层经隐含层向输入层逐层进行修正连接权的“误差逆向传播”过程。

(3) 由“模式顺序传播”与“误差逆向传播”的反复交替过

程进行的网络“学习记忆”训练过程，使网络趋向收敛的“学习收敛过程”，直至满足终止条件为止。

2.3.4 支持向量机预测

假设有训练样本集 $G=\{(x_i,d_i)\}$，$i=1,\cdots,N$，$x_i\in R^n$，$d_i\in R^1$。支持向量机回归的基本原理是寻找一个输入空间到输出空间的非线性映射 $\psi(x)$，通过映射将数据 x 映射到一个高维特征空间 F，并在特征空间中用下述估计函数进行线性回归：

$$y=f(x)=w\psi(x)+b \tag{2-41}$$

其函数逼近问题等价于如下函数最小：

$$R(C)=(C/N)\sum_{i=1}^{N}L_\varepsilon(d_i,y_i)+\|w\|^2/2 \tag{2-42}$$

$$L_\varepsilon(d,y)=\begin{cases}0 & |d-y|\leqslant\varepsilon\\ |d-y|-\varepsilon & \text{其他}\end{cases} \tag{2-43}$$

式中：$\|w\|^2/2$ 为函数的平滑程度；$L_\varepsilon(d,\ y)$ 为 ε 敏感损失函数。通过引入两个松弛变量 ζ、ζ^*，上述函数可以变成如下形式

$$\begin{aligned}&R(w,\zeta,\zeta^*)=\|w\|^2/2+C\sum_{i=1}^{N}(\zeta_i+\zeta_i^*)\\&\text{s.t:}\\&w\psi(x_i)+b_i-d_i\leqslant\varepsilon+\zeta_i^*,i=1,2,\cdots,N\\&d_i-w\psi(x_i)-b_i\leqslant\varepsilon+\zeta_i,i=1,2,\cdots,N\\&\zeta_i,\zeta_i^*\geqslant0,i=1,2,\cdots,N\end{aligned} \tag{2-44}$$

利用拉格朗日型，可将上式变成

$$\begin{aligned}&L(w,b,\zeta,\zeta^*,\alpha_i,\alpha_i^*,\beta_i,\beta_i^*)\\&=\|w\|^2/2+C\sum_{i=1}^{N}(\zeta_i+\zeta_i^*)-\sum_{i=1}^{N}\beta_i[w\psi(x_i)+b-d_i+\varepsilon+\zeta_i]\\&\quad-\sum_{i=1}^{N}\beta_i^*[d_i-w\psi(x_i)-b+\varepsilon+\zeta_i^*]-\sum_{i=1}^{N}(\alpha_i\zeta_i+\alpha_i^*\zeta_i^*)\end{aligned} \tag{2-45}$$

目标函数如果要达到极小值，其需要满足下述条件

$$\begin{cases} \dfrac{\partial L}{\partial w}=0 \rightarrow w-\sum_{i=1}^{N}(\beta_i-\beta_i^*)\psi(x_i)=0 \\ \dfrac{\partial L}{\partial b}=0 \rightarrow \sum_{i=1}^{N}(\beta_i-\beta_i^*)=0 \\ \dfrac{\partial L}{\partial \zeta}=0 \rightarrow C-\zeta-\alpha_i=0 \\ \dfrac{\partial L}{\partial \zeta^*}=0 \rightarrow C-\zeta^*-\alpha_i^*=0 \end{cases} \tag{2-46}$$

利用 Karush－Kuhn－Tucker 条件并将式（2－46）代入到式（2－45）中，可以得到问题的对偶型为

$$\begin{aligned} \vartheta(\beta_i,\beta_i^*) &= \sum_{i=1}^{N}d_i(\beta_i-\beta_i^*)-\varepsilon\sum_{i=1}^{N}(\beta_i-\beta_i^*) \\ &\quad -\frac{1}{2}\sum_{i=1}^{N}\sum_{j=1}^{N}(\beta_i-\beta_i^*)(\beta_j-\beta_j^*)K(x_i,x_j) \\ &\text{s.t:} \\ &\sum_{i=1}^{N}(\beta_i-\beta_i^*)=0, \\ &0\leqslant\beta_i\leqslant C,0\leqslant\beta_i^*\leqslant C,i=1,2,\cdots,N \end{aligned} \tag{2-47}$$

求解上述问题可得到支持向量机回归函数

$$f(x,\beta,\beta^*)=\sum_{i=1}^{N}(\beta_i-\beta_i^*)K(x,x_i)+b \tag{2-48}$$

式中：$K(x,x_i)$ 为核函数，需要满足 Mercer 条件，一般选取最常用的高斯核函数 $K(x_i,x_j)=\exp(-\|x_i-x_j\|^2/2\sigma^2)$。

2.4 分析预测方法适用性及优缺点分析

由于输变电工程的复杂性，需要在建设的各个环节增强输变电工程造价的可控、在控、能控，在所有环节中，输变电工程造价的概算估计是否合理直接影响着整个输变电工程造价控制的基准。然而，由于输变电工程涉及的影响因素众多，目前条件下，使得评审人员在评审输变电工程造价时，能够参考的可类比的输

变电工程仍然是十分有限的，因此，在当前条件下的输变电工程造价分析预测问题属于高维小样本条件下的分析预测问题。

在小样本的条件下，对研究对象进行分析预测的一个思路是在原有的样本条件下尽可能利用已有样本的信息进行扩展，得到适合统计模型的样本量对研究对象进行建模预测，当样本数据量不满足条件时，诸如上述的基于数理统计基础的线性回归预测模型、神经网络预测方法将不再适用，此外，灰色预测方法由于可考虑的因素单一，并且一般采用分部工程预测后加总的方式进行预测，因此预测精度难以保证。在此条件下，需要对新的基于小样本的数理预测方法进行探讨。

支持向量机模型是基于小样本统计数理基础的预测方法，该模型继承了神经网络的优点，并且改进了神经网络的全局寻优能力，使得使用同样样本训练后的预测值具有唯一值，并且具有在小样本下表现良好的特性，是预测方法中的较新的方法。在小样本的情况下，被认为能够完全替代神经网络的智能预测方法，但是由于输变电工程的影响因素众多，在实际输变电工程造价时，不同线路电压等级、地形、出线方式、建设规模等因素均会造成工程造价的较大偏差，但是在高维条件下应用时，精度不高，此外，国内外关于利用支持向量机进行预测的研究表明，支持向量机预测的精度大致为5%～10%，虽然较神经网络有一定的提高，但是如果需要再进一步提高预测精度，需要利用较新的适合于小样本的模型进行预测分析，或者是利用小样本组合条件下的方法进行预测分析。

2.5 基于随机森林和Elman神经网络的造价分析预测方法

2.5.1 基于随机森林的属性筛选方法选取原因分析

基于上述分析以及当前造价分析项目收集到的可类比的工程

项目数据，基本上目前收集到的输变电工程造价数据的处理所得到的变电工程以及输电线路工程两类数据都是小样本数据，这些数据最明显的特征就是属性记录数（数据维数）较大，而数据记录较少，因此有必要首先对样本数据进行降维处理。常用的属性降维方法包括因子分析法、主成分分析法等。以主成分分析法为例，其基本思路是研究如何将多指标问题转化为较少的综合指标的一种重要统计方法，它能将高维空间的问题转化到低维空间去处理，使问题变得比较简单、直观，而且筛选后得到的属性指标之间互不相关，又能提供原有属性指标的绝大部分信息。主成分分析法从定量的角度出发，运用主成分的贡献率作为指标的权重值，属于客观赋权法。

但是上述的分析方法和预测方法的适用条件相似，需要一定量的样本予以支撑，属于利用数据学习的客观权重方法。目前常用基于数据的学习方法归结起来可以分为下述三类。

（1）经典的（参数）统计估计方法。这种方法一般要求数学模型结构为已知的，训练样本用来估计参数。例如常用的参数估计，但不足之处在于，需要已知样本的分布形式，即有完整的数学表达式来套用计算，这就要求有大量的训练样本，但在实际工程中往往不能满足。同时，传统统计学习研究的是样本数目趋于无穷大时的渐进理论，目前常用的学习方法也是给予此假设，而在实际应用中，无穷样本是根本不存在的。

（2）经验非线性智能筛选方法。该方法的基本思想是利用训练样本建立非线性模型，克服传统参数估计方法中的不足。目前有很多算法取得良好效果，最具代表性的为人工神经网络，但该方法缺乏统一的数学理论基础。

（3）基于统计学理论的数据挖掘或智能学习算法（Statistical Learning Theory，SLT）。这是一种研究小样本下机器学习规律的新理论，不仅考虑了对渐近性能的要求，而且追求在现有有限信息量条件下得到的最优结果。统计学习理论的提出，为小样本学习方法的研究和发展提供了理论基础。

小样本条件下的 SLT 算法属于小样本数据挖掘的一种，适用于输变电工程项目对于属性筛选的条件，因此，本书在对于属性筛选时采用的算法是利用适用于小样本条件下的随机森林算法，以其为例进行说明。

2.5.2 随机森林筛选属性方法

随机森林（Random Forest，RF）算法属于数据挖掘中机器学习的一种算法，该算法是由 Breiman 在 CART 分类算法的基础上，借鉴随机决策森林的思想，将机器学习产生的分类树过程中，利用对行变量和列变量数据的随机组合，生成很多随机分类树，然后在由这些树汇总成森林，形成随机森林。随机森林在运算量没有显著提高的前提下提高了预测精度，是专为高维小样本数据分类和预测进行设计的一种算法，能够在几千个属性中解释属性对因变量的作用，在高维小样本的预测问题中被广泛应用。

1. 随机森林算法的步骤

（1）收集数据，形成训练集，将训练集中的数据进行数据处理，利用数据挖掘中的常用的标识方法将数据进行转换。

（2）调用随机森林算法，利用 bootstrap 抽样规则，选择参数 k，形成 k 个样本训练集，随机森林将每个样本及生成一棵分类树，并在树的每个节点处从 M 个特征中随机挑选 m 个特征（$m \leqslant M$），在每个节点上从 m 个特征中依据 Gini 指标选取最优特征进行分支生长。这棵分类树进行充分生长，使每个节点的不纯度达到最小，不进行通常的剪枝操作。

（3）将上述形成的分类树组成随机森林，然后利用测试集数据进行测试，进行 OOB（out of bag）估计测试，根据测试结果利用投票原则决定实际使用的分类树，给出分类原则。

2. 随机森林算法的基本原理

（1）从原始训练的小样本数据集中 bootstrap 抽样生成 k 个训练样本集，每个样本集是随机森林的全部训练数据，将数据利用数据挖掘中的标识分类标识方法进行标识。

（2）每个训练样本集单独生长成为一棵不剪枝叶的分类树，在树的每个节点处从 M 个特征中随机挑选 m 个特征（$m \leqslant M$），在每个节点上从 m 个特征中依据 Gini 指标选取最优特征进行分支生长。这棵分类树进行充分生长，使每个节点的不纯度达到最小，不进行通常的剪枝操作。

（3）利用随机森林进行属性分析，可以得到各个属性的 MDG（Mean Decrease Gini）指数，其中 MDG 指数越大，说明该属性的重要程度越高，根据相关研究，一般选取 MDG 指数超过 50 的作为主要属性。

2.5.3 基于 Elman 神经网络的预测方法选取原因分析

基于上述的模型优缺点分析，需要选取一种精度较高的小样本条件下的预测方法进行模型的构建。从造价的相关研究上看，虽然取得的精度均不尽理想，但是利用神经网络或支持向量机的预测所得的精度是在研究中比较高的，因此，对输变电工程造价的技术经济指标的模型还是应该以适合小样本条件下的神经网络为主。

Elman 神经网络属于一种局部的神经网络，因此对于样本的需求量不是很大，可以基于小样本条件下进行预测。Elman 神经网络可以看作是一个具有局部记忆单元和局部反馈连接的递归神经网络，它在前馈人工神经网络基本结构的基础上，通过存储内部状态使其具备映射动态特征的功能，从而使系统具有适应时变特性的能力，代表了神经网络建模和控制的方向。Elman 神经网络的主要结构是前馈连接，包括输入层、隐含层、输出层，其连接权可以进行学习修正；反馈连接由一组“结构”单元构成，用来记忆前一时刻的输出值，其连接权值是固定的，如图 2-3 所示。在这种网络中，除了普通的隐含层外，还有一个特别的隐含层，称为关联层（或联系单元层），该层从隐含层接收反馈信号，每一个隐含层节点都有一个与之对应的关联层节点连接。关联层的作用是通过联接记忆将上一个时刻的隐层状态连同当前时刻的网络输入一起作为隐层的输入，相当于状态反馈。隐层的传递函数仍为某种非线性函数，一般为Sigmoid函数，输出层为线性函数，关联层也为线性函数。由于Elman神经网络本身带有回馈学习能力，因此可以进一步的提高精度，基于此原因，项目选取Elman神经网络作为预测方法。

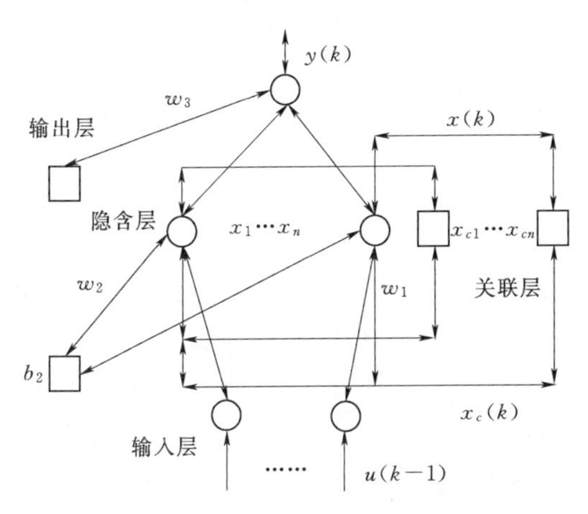

图2-3　Elman神经网络结构图

Elman神经网络的特点是隐含层的输出通过关联层的延迟与存储，自联到隐含层的输入，这种自联方式使其对历史状态的数据具有敏感性，内部反馈网络的增加提高了网络本身处理动态信息的能力，从而达到动态建模的目的。同时，Elman神经网络能够以任意精度逼近任意非线性映射，当给定系统的输入输出数据时，就可对系统进行建模。Elman神经网络的非线性表达原理为

$$\begin{cases} x_c(k)=x(k-1) \\ x(k)=f(w_2u(k-1)+w_1x_c(k)) \\ y(k)=g(w_3x(k)) \end{cases} \tag{2-49}$$

式中：y、x、u、x_c分别表示m维输出节点向量、n维中间层节点单元向量、l维输入向量和n维反馈状态向量；w_3、w_2、

w_1 分别表示中间层到输出层、输入层到中间层、承接层到中间层的连接权值。$g(i)$ 为输出神经元的传递函数，是中间层输出的线性组合。$f(i)$ 为中间层神经元的传递函数。

2.5.4 基于随机森林和 Elman 神经网络预测分析方法

根据上述的随机森林和 Elman 神经网络预测方法的相关原理，利用两者结合进行造价预测的步骤如下：

(1) 根据收集到的实际输变电工程造价的资料以及国家电网公布的通用工程造价管理的相关数据组成数据集，按照工程造价属性特点，规范数据标识化的属性取值，对工程数据进行标准化、标识化处理。

(2) 对数据进行分割，选择 80%左右的工程数据作为训练样本，其余 20%左右的工程数据作为测试样本，应用随机森林算法进行分类学习，再用测试样本检验学习的效果，检验通过后按照分类器给出和的属性重要度，选取影响造价的主要因素，作为 Elman 神经网络预测方法的输入变量，利用训练样本训练 Elman 神经网络预测方法，并利用测试集进行测试。

(3) 测试模型的预测精度，如果在 10%以内，认为预测方法有效，可以利用对新工程造价进行预测。

2.6 小结

本章对输变电工程造价的相关研究进行了综述，在此基础上，对输变电工程造价预测问题的特点进行了描述，对目前常见的预测方法进行了优缺点分析，给出了本书构建模型的论证。通过分析得出以下结论：

(1) 输变电工程预测问题属于高维小样本下的预测问题，从数理方面而言，如果利用常见的统计回归模型进行预测，样本量不足的问题会导致预测方法失去数理逻辑，因此需要利用小样本下的预测方法进行建模预测。

（2）从目前的相关研究趋势上看，如果想得到高精度预测结果的模型，需要借助小样本学习理论的神经网络学习模型进行建模。

（3）在构建预测方法之前，需要对高维属性进行筛选，先进行降维处理，然后再利用预测方法进行预测。

（4）基于上述分析，提出了基于随机森林和 Elman 神经网络预测方法的具体流程和算法，以此作为本书的模型基础。

第3章

基于通用造价的输变电工程造价分析预测

输变电工程从大类上可分为变电工程和线路工程两类，两者在技术经济指标上有较大差异，因此本章对输变电工程造价分析预测分为变电工程造价分析预测和线路工程造价分析预测两类予以介绍。

3.1 变电工程造价分析预测模型构建

变电工程主要指大中小型变电站的建设，按电压等级可分为特高压电站、超高压电站、高压电站和低压电站等。按工程项目造价常划分为安装工程费、建筑工程费、设备购置费和其他费用四部分。在实际工程管理中，往往重点放在安装工程和建筑工程两个方面。本节以国网冀北电力有限公司（后文简称冀北公司）中的变电工程造价数据为例，予以说明。

3.1.1 变电工程数据收集及分析

通过前期收集冀北地区变电工程数据以及国家电网典型工程通用的相关数据，可以得到整个典型工程变电工程的实际历史工程造价数据，根据这些数据对变电工程造价管理展开分析。对冀北公司收集到的变电工程数据进行分析，并和国网通用造价中提供的变电工程模块进行比对，通用造价模块和冀北公司可对照的常用的通用造价模块有 A1-2、A2-4、A3-2 和 A3-3 四类，四类相应编号的通用造价模块的具体施工方案可参见《国家电网公司输变电工程通用造价》变电工程分册，四类模块均属于110kV变电工程，可参照的历史工程共有9个。根据冀北公司造价管理和数据的实际情况，需要预测并进行管控的输出技术经济指标见表3-1。

表3-1　冀北地区输电工程所需要预测的技术经济指标

序号	主要技术经济指标	单位
1	主要建筑物混凝土量	m^3
2	主变压器基础混凝土量	m^3
3	GIS基础混凝土量	m^3
4	构支架总量	t
5	建筑工程费	万元
6	设备购置费	万元
7	安装工程费	万元
8	主变压器系统	元
9	配电装置	元
10	控制及直流	元
11	通信及远动	元
12	主要生产建筑	元
13	配电装置建设	元

3.1.2　变电工程输入指标的筛选

根据收集到的实际数据和调研分析，首先明确在变电工程造价前影响造价的具体参考指标是变电容量、出线规模、布置形式和配电装置形式，因为这些参数指标往往一经设计后，其变电工程规模及配置方式均已经确定，可以作为相似工程的造价预测参照。变电工程典型的输入指标及取值示例见表3-2。

表3-2 变电工程典型的输入指标及取值示例

参数指标	示例	备　注
变电容量	2/3×50	本期2台，终期3台，单台50MVA
出线规模	2/4×110	110kV，本期2回，终期4回
	6/9×35	35kV，本期6回，终期9回
	24/36×10	10kV，本期24回，终期36回
布置形式	主变压器（户外）	主变压器为户外的布置形式（还有一种形式为户内）
布置建筑物层数	二层	建筑物为两层（一般有一层和二层两种）
配电装置形式	GIS×110（户外）	110kV等级户外GIS配置（还有一种形式为户内）
开关柜	开关柜×35（户内）	35kV户内开关柜
	开关柜×10（户内）	10kV户内开关柜

根据上述指标对整个收集到的数据进一步规范化整理，然后获取其余的相关数据以及其余指标参数，形成样本集。针对整个收集到的变电工程样本造价数据进行高维的降维处理，利用上一章中提到的随机森林降维方式，选择MDG指数超过50的相关属性，结合随机森林给出的分析结果，以及和实际调研得到的输入参考指标进行比对，将随机森林给出的指标筛选结果和调研得到的输入参考指标进行合并整理，得到的输入指标为变电容量、110kV本期出线，35kV本期出线、10kV本期出线、布置形式、建筑物层数、GIS配电装置形式七个属性。

3.1.3 变电工程造价分析预测

利用上述的属性分析确定出的输入输出指标，可以确定Elman神经网络预测模型的网络结构，经过训练后得到Elman神经网络预测模型，通过Elman神经网络进行变电工程造价相关指标的预测，可以得到预测结果，见表3-3。

表 3-3　　主要建筑物混凝土量的预测结果

工程名称	实际值/m^3	预测值/m^3	误差
八某 110kV 变电站新建工程	583.20	600.11	2.90%
北某 110kV 变电站新建工程	979.24	1005.68	2.70%
高某 110kV 变电站新建工程	408.41	400.24	−2.00%
怀某区 110kV 变电工程	392.00	396.70	1.20%
张某新建 110kV 变电站工程	479.00	484.27	1.10%
康某 110kV 变电站工程	425.00	424.58	−0.10%
施某 110kV 变电站新建工程	90.11	90.92	0.90%
怀某 110kV 变电站工程	466.00	465.53	−0.10%
油某 110kV 变电站新建工程	123.87	120.28	−2.90%

从预测结果上分析来看，预测结果和实际值之间的差距在3%以内，所建模型预测性能较好。

利用 Elman 神经网络预测分析模型给出主变压器基础混凝土量的预测结果见表 3-4。

表 3-4　　主变压器基础混凝土量的预测结果

工程名称	实际值/m^3	预测值/m^3	误差
八某 110kV 变电站新建工程	30.00	29.64	−1.20%
北某 110kV 变电站新建工程	88.00	85.71	−2.60%
高某 110kV 变电站新建工程	61.44	61.69	0.41%
怀某区 110kV 变电工程	67.60	67.80	0.30%
张某新建 110kV 变电站工程	90.64	88.74	−2.10%
康某 110kV 变电站工程	105.75	106.28	0.50%
施某 110kV 变电站新建工程	90.64	88.28	−2.60%
怀某 110kV 变电站工程	144.00	147.74	2.60%
油某 110kV 变电站新建工程	105.75	104.38	−1.30%

从预测结果上分析来看，预测结果和实际值之间的差距在3%以内，所建模型预测性能较好。

利用Elman神经网络预测分析模型给出GIS基础混凝土量的预测结果见表3-5，其中上述9个工程中，只有3个变电工程具有GIS基础混凝土量的数据，因此预测结果只有3条。

表3-5 GIS基础混凝土量的预测结果

工程名称	实际值/m^3	预测值/m^3	误差
高某110kV变电站新建工程	51.63	50.65	-1.90%
怀某区110kV变电工程	204.48	210.41	2.90%
怀某110kV变电站工程	318.00	316.09	-0.60%

从预测结果上分析来看，预测结果和实际值之间的差距在3%以内，所建模型预测性能较好。

利用Elman神经网络预测分析模型给出构支架总量的预测结果如表3-6所示。其中上述9个工程中，只有2个变电工程具有构支架总量的相关数据，因此预测结果只有3条。由于冀北公司收集到样本数据中的电工程很多缺失构支架总量的相关数据，因此样本量较少，容易产生过拟合的预测现象，误认为精度较高。从预测结果上分析来看，预测结果和实际值之间的差距在3%以内，所建模型预测性能较好。

表3-6 构支架总量的预测结果

工程名称	实际值/m^3	预测值/m^3	误差
康某110kV变电站工程	11.40	11.14	-2.28%
施某110kV变电站新建工程	13.00	12.96	-0.31%

利用Elman神经网络预测分析模型给出建筑工程费的预测结果见表3-7。

表3-7 建筑工程费的预测结果

工程名称	实际值/万元	预测值/万元	误差
八某110kV变电站新建工程	914.00	886.58	-3.00%
北某110kV变电站新建工程	900.00	918.90	2.10%

续表

工程名称	实际值/万元	预测值/万元	误差
高某 110kV 变电站新建工程	723.00	714.32	−1.20%
怀某区 110kV 变电工程	736.00	751.46	2.10%
张某新建 110kV 变电站工程	797.00	783.45	−1.70%
康某 110kV 变电站工程	776.00	751.72	−3.13%
施某 110kV 变电站新建工程	652.00	661.78	1.50%
怀某 110kV 变电站工程	695.00	674.85	−2.90%
油某 110kV 变电站新建工程	685.00	688.43	0.50%

从预测结果上分析来看，预测结果和实际值之间的差距虽然有些在3%左右，但是大部分在3%以内，因此模型的拟合效果较好，所建模型预测性能较好。

利用Elman神经网络预测分析模型给出设备购置费的预测结果见表3-8。

表3-8　设备购置费的预测结果

工程名称	实际值/万元	预测值/万元	误差
八某 110kV 变电站新建工程	2149.00	2151.15	0.10%
北某 110kV 变电站新建工程	2170.00	2115.75	−2.50%
高某 110kV 变电站新建工程	2135.00	2173.43	1.80%
怀某区 110kV 变电工程	2531.00	2596.81	2.60%
张某新建 110kV 变电站工程	2259.00	2317.73	2.60%
康某 110kV 变电站工程	2267.00	2321.41	2.40%
施某 110kV 变电站新建工程	2255.00	2291.08	1.60%
怀某 110kV 变电站工程	2485.00	2485.00	0.00%
油某 110kV 变电站新建工程	1907.00	1916.54	0.50%

从预测结果上分析来看，预测结果和实际值之间的差距均在3%以内，所建模型预测性能较好。

利用Elman神经网络预测分析模型给出安装工程费的预测结果见表3-9。

表3-9　　安装工程费的预测结果

工程名称	实际值/万元	预测值/万元	误差
八某110kV变电站新建工程	597.00	609.54	2.10%
北某110kV变电站新建工程	387.00	390.87	1.00%
高某110kV变电站新建工程	425.00	421.18	−0.90%
怀某区110kV变电工程	581.00	564.15	−2.90%
张某新建110kV变电站工程	463.00	473.65	2.30%
康某110kV变电站工程	490.00	475.79	−2.90%
施某110kV变电站新建工程	655.00	664.17	1.40%
怀某110kV变电站工程	485.00	490.82	1.20%
油某110kV变电站新建工程	448.00	435.46	−2.80%

从预测结果上分析来看，预测结果和实际值之间的差距均在3%以内，所建模型预测性能较好。

利用Elman神经网络预测分析模型给出主变压器系统的预测结果见表3-10。

表3-10　　主变压器系统的预测结果

工程名称	实际值/元	预测值/元	误差
八某110kV变电站新建工程	4812800	4793549	−0.40%
北某110kV变电站新建工程	5602605	5451335	−2.70%
高某110kV变电站新建工程	5665200	5614213	−0.90%
怀某区110kV变电工程	5022287	5127755	2.10%
张某新建110kV变电站工程	7613380	7544860	−0.90%
康某110kV变电站工程	6088506	6070240	−0.30%
施某110kV变电站新建工程	6329782	6386750	0.90%
怀某110kV变电站工程	4994335	4914426	−1.60%
油某110kV变电站新建工程	6444967	6541642	1.50%

从预测结果上分析来看，预测结果和实际值之间的差距均在3%以内，所建模型预测性能较好。

利用 Elman 神经网络预测分析模型给出配电装置的预测结果见表 3 - 11。

表 3 - 11　　配电装置的预测结果

工程名称	实际值/元	预测值/元	误差
八某 110kV 变电站新建工程	9595036	9596743	0.02%
北某 110kV 变电站新建工程	10511991	10554039	0.40%
高某 110kV 变电站新建工程	10118890	9977226	−1.40%
怀某区 110kV 变电工程	10495349	10747237	2.40%
张某新建 110kV 变电站工程	9515409	9762810	2.60%
康某 110kV 变电站工程	8882569	8731565	−1.70%
施某 110kV 变电站新建工程	10283316	10468416	1.80%
怀某 110kV 变电站工程	10773953	11043302	2.50%
油某 110kV 变电站新建工程	8243963	8293427	0.60%

从预测结果上分析来看，预测结果和实际值之间的差距均在 3%以内，所建模型预测性能较好。

利用 Elman 神经网络预测分析模型给出控制及直流的预测结果见表 3 - 12。

表 3 - 12　　控制及直流的预测结果

工程名称	实际值/元	预测值/元	误差
八某 110kV 变电站新建工程	5411665	5292608	−2.20%
北某 110kV 变电站新建工程	4625292	4620667	−0.10%
高某 110kV 变电站新建工程	5262318	5320203	1.10%
怀某区 110kV 变电工程	6250459	6287962	0.60%
张某新建 110kV 变电站工程	6147084	6054878	−1.50%
康某 110kV 变电站工程	6622009	6489569	−2.00%
施某 110kV 变电站新建工程	5569824	5419439	−2.70%
怀某 110kV 变电站工程	6200109	6144308	−0.90%
油某 110kV 变电站新建工程	4159503	4226055	1.60%

从预测结果上分析来看，预测结果和实际值之间的差距均在3%以内，所建模型预测性能较好。

利用Elman神经网络预测分析模型给出通信及远动的预测结果见表3-13（其中有两个工程缺少相关数据，无相关预测值）。

表3-13　通信及远动的预测结果

工程名称	实际值/元	预测值/元	误差
八某110kV变电站新建工程	546513	557443	2.00%
北某110kV变电站新建工程	335034	337379	0.70%
高某110kV变电站新建工程	177403	182370	2.80%
怀某区110kV变电工程	609965	612405	0.40%
施某110kV变电站新建工程	1704365	1723113	1.10%
怀某110kV变电站工程	646217	637816	−1.30%
油某110kV变电站新建工程	495852	485439	−2.10%

从预测结果上分析来看，预测结果和实际值之间的差距均在3%以内，所建模型预测性能较好。

利用Elman神经网络预测分析模型给出主要生产建筑的预测结果见表3-14。

表3-14　主要生产建筑的预测结果

工程名称	实际值/元	预测值/元	误差
八某110kV变电站新建工程	3543751	3621714	2.20%
北某110kV变电站新建工程	4429776	4558240	2.90%
高某110kV变电站新建工程	2777828	2811162	1.20%
怀某区110kV变电工程	4080207	4063886	−0.40%
张某新建110kV变电站工程	4423117	4445233	0.50%
康某110kV变电站工程	4136102	4082333	−1.30%
施某110kV变电站新建工程	1877906	1898563	1.10%
怀某110kV变电站工程	3496374	3408965	−2.50%
油某110kV变电站新建工程	1650973	1649322	−0.10%

从预测结果上分析来看，预测结果和实际值之间的差距均在3%以内，所建模型预测性能较好。

利用 Elman 神经网络预测分析模型给出配电装置建筑的预测结果见表 3-15。

表 3-15　　配电装置建筑的预测结果

工程名称	实际值/元	预测值/元	误差
八某 110kV 变电站新建工程	796909	810456	1.70%
北某 110kV 变电站新建工程	790464	803902	1.70%
高某 110kV 变电站新建工程	1778602	1824846	2.60%
怀某区 110kV 变电工程	628831	612481	-2.60%
张某新建 110kV 变电站工程	719482	722360	0.40%
康某 110kV 变电站工程	628831	639521	1.70%
施某 110kV 变电站新建工程	1432900	1457259	1.70%
怀某 110kV 变电站工程	769327	779328	1.30%
油某 110kV 变电站新建工程	2080067	2092547	0.60%

从预测结果上分析来看，预测结果和实际值之间的差距均在3%以内，所建模型预测性能较好。

3.2 线路工程造价预测模型构建

输变电工程中的线路工程是指通过变压器将发电机发出的电能升压后，再经断路器等控制设备接入输电线路的系统工程，是电力系统的重要组成部分。按结构形式来分，输电线路主要包括架空输电线路和地下线路两部分：

(1) 架空输电线路。指架设在地面之上的输电线路，一般由线路铁塔、导线、绝缘子等构成。其优点是架设和维修比较方便，成本较低，但容易受到气象和环境（如大风、雷击、污秽等）的影响而引发故障。同时也有占用土地面积，造成电磁干扰等缺点。

(2) 地下线路。主要是指敷设在地下（或水域下）的使用电缆线路。地下线路的优点是受环境影响较小，但具有造价高，发现故障及检修维护十分不便等缺点。

通过对冀北公司的数据进行梳理，发现输电线路工程主要是由架空线路构成，其中架空线路的主体建设部分主要由导线、地线、杆塔、绝缘子、接地装置、金具6部分组成。

(1) 导线：导线是架空送电线路的主要组成部分，起到电能传输的作用。导线的种类、性能及截面的大小，不仅对杆塔、地线、绝缘子、金具等有影响，而且直接关系到线路的输送能力、运行的可靠性和建设费用的大小。

(2) 地线：又称架空地线，悬挂于导线之上，主要作用是防止雷电直击导线，同时在雷击杆塔时能有效分流，对导线起耦合屏蔽作用，提高线路耐雷水平，降低线路雷击跳闸次数，保证连续供电。

(3) 杆塔：杆塔用来支持导线及其他附件，使各相导线之间以及导线与地之间保持一定的安全距离，并保证导线对地面或障碍物的交叉、跨越时有足够的安全距离。

(4) 绝缘子：绝缘子用来支持或悬挂导线和地线，保证导线与杆塔间不发生闪络，保证地线与杆塔间的绝缘。

(5) 接地装置：接地装置主要功能是泄导雷电流，降低杆塔顶电位，保护线路绝缘不致击穿闪络。它与地线密切配合对导线起到了屏蔽作用。接地体和接地线两者构成了接地装置。

(6) 金具：金具是输电线路所用金属部件的总称。在线路起连接、固定、保护等作用。

在实际的线路工程造价过程中，除了技术指标与造价水平紧密相关之外，经济指标也是一个重要的因素。为了便于工作人员分类和管理，常常把一个总的工程项目划分成若干个单项工程，每个单项工程又划分成若干个单位工程，常常以单位工程为编制单位，进行工程造价管理。

通过前期收集冀北公司输变电工程数据以及国家电网典型工

程通用的相关数据，可以得到整个典型工程输变电线路工程的实际历史工程造价数据，根据这些数据对线路工程造价管理展开分析。

3.2.1 线路工程数据的收集情况

搜集到的冀北公司线路工程共有可比对分析工程 17 个，均属于 110kV 线路工程，工程造价涉及属性指标近百个，如线路长度、回路数、塔型、分裂数、导线面积、设计覆冰、设计风速、地形、地质、导线、混凝土、基础钢筋、地线、塔材量、接地钢材量、金具、基础工程费、杆塔工程费、接地工程费、架线工程费、附件工程费、辅助工程费等。这些指标之间重复、繁琐，并且分属不同典型模块，个别工程的编制说明简略，甚至有些说明对于模块分类较为模糊，原始数据较难用于后续的数据分析工作。结合实际情况对原始数据表中的属性指标进行简单简化处理，按照数据所属的模块和国家电网典型工程模块相对应，分类进行整理。可得输电工程造价数据表 15 份，分属于 6 个典型模块。涉及通用造价模块为 1D5 - H、1F4、1E3、1E4、1GGE3、1GGE4、1A3 - P、1B2 - P、1D2 - P、1E8 - P、1E8 - Q、1A3 - Q 十二类。

3.2.2 线路工程技术经济输出指标的确定

根据多次调研和实验，确定冀北地区线路工程所需要预测的技术经济指标见表 3 - 16。

表 3 - 16　冀北地区线路工程所需要预测的技术经济指标

序号	输出指标	单位
1	导线	t/km
2	混凝土	m^3/km
3	基础钢筋	t/km
4	地线	t/km

续表

序号	输 出 指 标	单位
5	塔材量	t/km
6	接地钢材量	t/km
7	金具	元/km
8	基础工程费	元/km
9	杆塔工程费	元/km
10	接地工程费	元/km
11	架线工程费	元/km
12	附件工程费	元/km
13	辅助工程费	元/km

3.2.3 线路工程输入指标的筛选

根据收集到的实际数据和调研分析，首先明确在线路工程造价前可以获得的参考指标是：线路长度、回路数、塔型、分裂数、导线面积、设计覆冰、设计风速 7 个指标，这些指标能够大体确定建设规模以及设计的技术方案，对线路工程的造价分析预测具有较大的作用。输入指标示例取值及说明见表 3 - 17。

表 3 - 17　　输入指标示例取值及说明

参数	示　　例	备注
线路长度	9.6km	线路工程长度
回路数	单回路，双回路	只有这两种属性
塔型	耐张转角塔、直角塔等塔形	所占总塔比例
分裂数	无分裂，2 分裂等分裂数	
导线面积	22	
设计覆冰	10	
设计风速	27	

除上述指标外，针对整个收集到的线路工程样本造价数据进行高维的降维处理，利用上文中提到的随机森林降维方式，选择

MDG 指数超过 50 的相关属性，可得线路工程属性指标主要有：线路长度、回路数、塔型、分裂数、导线面积、设计覆冰、设计风速、地形比例、地质比例、基础工程费、杆塔工程费、接地工程费、架线工程费。

从随机森林给出的分析结果上看，和实际调研得到的输入参考指标基本相同，此外随机森林给出的分析指标结果有一部分和输出指标重合。因此，将随机森林给出的指标筛选结果和调研得到的输入参考指标进行合并整理，得到的输入指标线路长度、回路数、塔型、设计覆冰、设计风速、地形比例、地质比例七个属性。

3.2.4 线路工程预测结果分析

利用上述的属性分析确定出的输入输出指标，通过 Elman 神经网络进行线路工程造价相关指标的分析预测，可以得到输出的各指标预测结果见表 3-18。

表 3-18　　导线指标的分析预测结果

工程名称	实际值/(t/km)	预测值/(t/km)	误差
黄某线路工程	9.600	9.283	−3.30%
碣某线路工程	3.762	3.868	2.82%
凯某线路工程	0.682	0.659	−3.37%
雷某线路工程	2.914	2.841	−2.51%
雷某线路工程	5.76	5.841	1.41%
三某线路工程	4.979	5.226	4.96%
溯某线路工程	6.367	6.106	−4.10%
天某线路工程	6.675	6.468	−3.10%
杨某线路工程	3.356	3.333	−0.69%
杨某线路工程	6.712	6.544	−2.50%
杨某线路工程	3.356	3.319	−1.10%
张某线路工程	2.912	3.022	3.78%
新某线路工程	9.677	9.196	−4.97%
白某线路工程	9.646	9.974	3.40%

从预测结果上分析来看，导线预测结果和实际值之间的差距基本均在5%以内，产生较大误差的原因是在导线的临界值（最大值和最小值）附近的误差较大，个别工程的指标极值影响了导线指标的预测结果，但是总的看来预测结果的误差可以接受，因此模型可以在实际中应用，但是参考值的波动范围建议加大。

混凝土指标通过Elman神经网络模型的预测结果见表3-19。

表3-19　混凝土指标的预测结果

工程名称	实际值/(m^3/km)	预测值/(m^3/km)	误差
黄某线路工程	180.667	187.351	3.70%
碣某线路工程	49.355	49.947	1.20%
凯某线路工程	47.308	45.226	−4.40%
雷某线路工程	62.651	65.408	4.40%
雷某线路工程	162.372	157.176	−3.20%
三某线路工程	49.822	51.516	3.40%
溯某线路工程	118.077	113.590	−3.80%
天某线路工程	84.705	83.519	−1.40%
杨某线路工程	84.713	81.494	−3.80%
杨某线路工程	104.537	101.087	−3.30%
杨某线路工程	126.383	131.691	4.20%
张某线路工程	83.019	79.283	−4.50%
新某线路工程	129.164	133.943	3.70%
白某线路工程	102.533	105.096	2.50%

从预测结果上分析来看，混凝土预测结果和实际值之间的差距在5%以内，产生较大误差的原因是在数据的偏离度较大，极差较大，个别工程的指标极值影响了导线指标的预测结果，但是总的看来预测结果的误差可以接受，因此模型可以在实际中应用，但是参考值的波动范围建议加大。

基础钢筋指标通过Elman神经网络模型的预测结果见表3-20。

表 3-20　　基础钢筋指标的预测结果

工程名称	实际值/(t/km)	预测值/(t/km)	误差
碣某线路工程	2.492	2.529	1.48%
凯某线路工程	1.402	1.412	0.71%
雷某线路工程	2.541	2.492	−1.93%
雷某线路工程	8.044	8.301	3.19%
溯某线路工程	5.815	5.571	−4.20%
天某线路工程	2.888	2.997	3.77%
杨某线路工程	2.699	2.572	−4.71%
杨某线路工程	3.428	3.394	−0.99%
杨某线路工程	3.973	4.172	5.01%
张某线路工程	2.280	2.303	1.01%
新某线路工程	3.276	3.276	0.00%

从预测结果上分析来看，基础钢筋指标的预测结果和实际值之间的差距在5%以内，产生较大误差的原因是在数据的偏离度较大，极差较大，个别工程的指标极值影响了导线指标的预测结果，但是总的看来预测结果的误差可以接受，因此模型可以在实际中应用，但是参考值的波动范围建议加大。

地线指标按照通过 Elman 神经网络模型的预测结果见表 3-21。

表 3-21　　地线指标的预测结果

工程名称	实际值/(t/km)	预测值/(t/km)	误差
碣某线路工程	0.594	0.578	−2.69%
雷某变线路工程	0.023	0.023	0.00%
杨某线路工程	0.020	0.019	−5.00%
杨某线路工程	0.715	0.736	2.94%
杨某线路工程	0.024	0.025	4.17%
张某线路工程	0.476	0.482	1.26%
新某线路工程	0.055	0.055	0.00%

从预测结果上分析来看，地线指标的预测结果和实际值之间的差距在 5%以内，其中误差较大的工程是由于基数太小造成的。总体预测结果较好，模型可以在实际中应用。

塔材量指标按照通过 Elman 神经网络模型的预测结果见表 3-22。

表 3-22　　塔材量指标的预测结果

工程名称	实际值/(t/km)	预测值/(t/km)	误差
黄某线路工程	8.146	7.902	−3.00%
碣某线路工程	17.841	17.966	0.70%
凯某线路工程	13.923	14.062	1.00%
雷某线路工程	22.365	23.237	3.90%
雷某线路工程	33.924	33.449	−1.40%
溯某线路工程	43.234	43.018	−0.50%
天某线路工程	27.585	28.910	4.80%
杨某线路工程	31.583	31.457	−0.40%
杨某线路工程	42.889	41.860	−2.40%
杨某线路工程	48.886	49.766	1.80%
张某线路工程	34.132	33.962	−0.50%
新某线路工程	39.011	39.245	0.60%

从预测结果上分析来看，塔材量的预测结果和实际值之间的差距在 5%以内，误差较好，总的看来预测结果的误差可以接受，因此模型可以在实际中应用。

接地钢材量指标按照模型的预测结果见表 3-23。

表 3-23　　接地钢材量的预测结果

工程名称	实际值/(t/km)	预测值/(t/km)	误差
黄某线路工程	0.459	0.474	3.27%
碣某线路工程	0.420	0.416	−0.95%
凯某线路工程	0.161	0.154	−4.35%

续表

工程名称	实际值/(t/km)	预测值/(t/km)	误差
雷某线路工程	0.269	0.274	1.86%
雷某变线路工程	0.170	0.168	−1.18%
三某线路工程	—	—	—
溯某线路工程	0.224	0.234	4.46%
天某线路工程	0.294	0.304	3.40%
杨某线路工程	0.179	0.176	−1.68%
杨某线路工程	0.248	0.260	4.84%
杨某线路工程	0.242	0.250	3.31%
张某线路工程	0.310	0.295	−4.84%
新某线路工程	0.805	0.807	0.25%
白某线路工程	0.596	0.619	3.86%

从预测结果上分析来看，接地钢材量预测结果和实际值之间的差距在5%以内，预测结果的误差可以接受。

金具指标按照模型的预测结果见表3-24。

表3-24　　金具指标的预测结果

工程名称	实际值/(元/km)	预测值/(元/km)	误差
黄某线路工程	56310	58060	3.11%
碣某线路工程	—	—	—
凯某线路工程	33780	34020	0.71%
雷某线路工程	24420	25010	2.42%
雷某线路工程	54520	57080	4.70%
三某线路工程	8760	8990	2.63%
溯某线路工程	64010	64010	0.00%
天某线路工程	38400	40090	4.40%
杨某线路工程	30630	31580	3.10%
杨某线路工程	54830	56260	2.61%

续表

工程名称	实际值/(元/km)	预测值/(元/km)	误差
杨某线路工程	26370	27450	4.10%
张某线路工程	52720	51190	−2.90%
新某线路工程	121370	74040	−39.00%
白某线路工程	32740	32670	−0.21%

从预测结果上分析来看，金具指标的预测结果和实际值之间的差距绝大多数在5%以内，其中新某线路工程产生较大误差的原因是在数据的偏离度较大，并且该线路工程的数量明显异于其余线路工程，极差较大，个别工程的指标极值影响了金具指标的预测结果，但是总的看来预测结果的误差可以接受，因此模型可以在实际中应用，但是参考值的波动范围建议加大。

基础工程费指标按照模型的预测结果见表3-25。

表3-25　　基础工程费指标的预测结果

工程名称	实际值/(元/km)	预测值/(元/km)	误差
黄某线路工程	133488	136158	2.00%
碣某线路工程	390373	391935	0.40%
凯某线路工程	278639	285884	2.60%
雷某线路工程	230348	240253	4.30%
雷某线路工程	130266	123883	−4.90%
三某线路工程	315604	319076	1.10%
溯某线路工程	129053	133312	3.30%
天某线路工程	174829	174820	−0.01%
杨某线路工程	204959	203729	−0.60%
杨某线路工程	149291	148843	−0.30%
杨某线路工程	90984	87618	−3.70%
张某线路工程	322826	337676	4.60%
新某线路工程	105627	105838	0.20%
白某线路工程	99674	97481	−2.20%

从预测结果上分析来看，基础工程费指标的预测结果和实际值之间的差距均还可以接受，产生较大误差的原因是在数据的偏离度较大，极差较大，个别工程的指标极值影响了预测结果，但是总的看来预测结果的误差可以接受，因此模型可以在实际中应用，但是参考值的波动范围建议加大。

杆塔工程费指标按照模型的预测结果见表 3-26。

表 3-26　　杆塔工程费的预测结果

工程名称	实际值/(元/km)	预测值/(元/km)	误差
黄某线路工程	281052	268124	-4.60%
碣某线路工程	261275	264149	1.10%
凯某线路工程	209993	200753	-4.40%
雷某线路工程	328852	330167	0.40%
雷某线路工程	218143	216180	-0.90%
三某线路工程	417521	421279	0.90%
溯某线路工程	255211	246534	-3.40%
天某线路工程	351314	344990	-1.80%
杨某线路工程	380009	365569	-3.80%
杨某线路工程	246418	238533	-3.20%
杨某线路工程	164104	160822	-2.00%
张某线路工程	282606	285432	1.00%
新某线路工程	162348	166894	2.80%
白某线路工程	205560	214810	4.50%

从预测结果上分析来看，杆塔工程费指标的预测结果和实际值之间的差距均还可以接受，虽然个别工程的指标极值影响了预测结果，但是总的看来预测结果的误差可以接受，因此模型可以

在实际中应用，但是参考值的波动范围建议加大。

接地工程费指标按照模型的预测结果见表 3-27。

表 3-27 接地工程费指标的预测结果

工程名称	实际值/(元/km)	预测值/(元/km)	误差
黄某线路工程	2484	2419	-2.62%
碣某线路工程	9020	9309	3.20%
凯某线路工程	4223	4434	5.00%
雷某线路工程	9191	9513	3.50%
雷某线路工程	8299	7892	-4.90%
三某线路工程	30722	32012	4.20%
溯某线路工程	2829	2951	4.31%
天某线路工程	11293	10841	-4.00%
杨某线路工程	11964	11557	-3.40%
杨某线路工程	10146	10247	1.00%
杨某线路工程	13005	13421	3.20%
张某线路工程	74796	76367	2.10%
新某线路工程	5793	5561	-4.00%
白某线路工程	4641	4711	1.51%

从预测结果上分析来看，接地工程费指标的预测结果和实际值之间的差距均在 5%，个别产生较大误差的原因是在数据的偏离度较大，极差较大，个别工程的指标极值影响了预测结果，但是总的看来预测结果的误差可以接受，因此模型可以在实际中应用，但是参考值的波动范围建议加大。

架线工程费指标按照模型的预测结果见表 3-28。

表 3-28　架线工程费的预测结果

工程名称	实际值/(元/km)	预测值/(元/km)	误差
黄某线路工程	292952	297639	1.60%
碣某线路工程	220159	217297	-1.30%
凯某线路工程	120501	120742	0.20%
雷某线路工程	198935	201123	1.10%
雷某线路工程	283324	272274	-3.90%
三某线路工程	262623	268401	2.20%
溯某线路工程	287771	281152	-2.30%
天某线路工程	275690	262457	-4.80%
杨某线路工程	269609	273923	1.60%
杨某线路工程	330953	337241	1.90%
杨某线路工程	79667	81977	2.90%
张某线路工程	192110	193454	0.70%
新某线路工程	115315	115661	0.30%
白某线路工程	72842	71604	-1.70%

从预测结果上分析来看，架线工程费指标的预测结果和实际值之间的误差较小，基本均在5%以内，模型可以在实际中应用。

附件工程费指标按照模型的预测结果见表3-29。

表 3-29　附件工程费的预测结果

工程名称	实际值/(元/km)	预测值/(元/km)	误差
黄某线路工程	63031	60762	-3.60%
碣某线路工程	87083	90479	3.90%

续表

工程名称	实际值/(元/km)	预测值/(元/km)	误差
凯某线路工程	42453	44448	4.70%
雷某线路工程	147904	146425	-1.00%
雷某线路工程	46373	45770	-1.30%
三某线路工程	108181	102772	-5.00%
溯某线路工程	58137	57788	-0.60%
天某线路工程	221615	216296	-2.40%
杨某线路工程	75434	76037	0.80%
杨某线路工程	63856	64367	0.80%
杨某线路工程	36398	36798	1.10%
张某线路工程	86324	88654	2.70%
新某线路工程	38059	38858	2.10%
白某线路工程	42222	41335	-2.10%

从预测结果上分析来看，附件工程费指标的预测结果和实际值之间的差距均还可以接受，产生较大误差的原因是在数据的偏离度较大，极差较大，个别工程的指标极值影响了预测结果，但是总的看来预测结果的误差可以接受，因此模型可以在实际中应用，但是参考值的波动范围建议加大。

辅助工程费指标按照模型的预测结果见表3-30。

表3-30　　辅助工程费的预测结果

工程名称	实际值/(元/km)	预测值/(元/km)	误差
黄某线路工程	2409	2298	-4.61%
碣某线路工程	—	—	—
凯某线路工程	844	854	1.18%

续表

工程名称	实际值/(元/km)	预测值/(元/km)	误差
雷某线路工程	3632	3748	3.19%
雷某线路工程	671	696	3.73%
三某线路工程	6702	6762	0.90%
溯某线路工程	530	543	2.45%
天某线路工程	281	290	3.20%
杨某线路工程	1365	1411	3.37%
杨某线路工程	6729	7039	4.61%
杨某线路工程	7506	7258	−3.30%
张某线路工程	—	—	—
新某线路工程	781	810	3.71%
白某线路工程	—	—	—

从预测结果上分析来看，辅助工程费指标的预测结果和实际值之间的差距均还可以接受，产生较大误差的原因是在数据的偏离度较大，极差较大，个别工程的指标极值影响了预测结果，但是总的看来预测结果的误差可以接受，因此模型可以在实际中应用，但是参考值的波动范围建议加大。

3.3 预测结果对造价评审的借鉴意义

通过上述模型的预测结果，从工程造价评审的角度，可以得到供借鉴评审的结论有下述两点。

1. 对于变电工程造价评审的借鉴

从预测结果上看，如果输入参数确定后，对于输出指标而言，主要建筑物混凝土量、主变压器基础混凝土量、设备购置费的预测结果较其余的技术经济指标值偏大，这说明对于变电工程造价而言，这三个技术经济指标的分散程度更大，由于变电模块一旦确定，一般的建筑物的形式基本一致，因此混凝土量的差异原因可能是由于设计单位的造价人员水平引起的，另外设备购置费误差较大有可能存在着季节的变动，使得设备购买费用随着市场环境进行变化。因此在造价评审时，对于设备购置费引起的造价差异的允许区间可以适当的放大，如预测在3%以内的造价都可以视为正常。

2. 对于线路工程造价评审的借鉴

从上述结果上看，在预测输出的技经指标中，金具和接地钢材量两个指标的预测差异较大，原始数据的分散性也较强，因此这两个指标在评审时可以适当放大预测合理范围区间；而导线、基础工程费、杆塔工程费、接地工程费、架线工程费、附件工程费、辅助工程费这些指标的预测值分散度较弱，可以起到较好的辅助造价评审工作的作用。

第 4 章

结合通用造价的实际应用对比分析

4.1 变电工程造价对比分析

4.1.1 冀北与通用造价的对比分析

冀北公司输变电工程数据涉及通用造价概算收集到的数据模块只有 A1-1、A1-2、A3-2 和 A3-3 四类，为了对比分析，采取同样或相似的国网通用造价设计数据进行对比分析，查阅国家电网公司通用造价的相关数据可得，相关数据有 A1-1 和 A3-3 两类。根据工程的相似性和输入指标的相似性，选取冀北地区和国网通用造价的相同模块 A1-1 和 A3-3 两类数据进行对比分析。

从设计标准输入数据上看，属于同类工程的相关设计输入指标，包括：变电容量、110kV 本期出线，35kV 本期出线、10kV 本期出线、布置形式、建筑物层数、GIS 配电装置均一致；从输出指标上看，A1-1 模块以及 A3-3 模块同类工程的输出指标的数据对比见表 4-1 和表 4-2。

从表 4-1 中可以看出，同类型的 A1-1 典型模块工程造价概算中，冀北地区 110kV 变电工程的输出指标的大部分值和国网通用造价工程相关指标的取值差异不大，大部分相差约 10%。偏差较大的指标有主变压器基础混凝土量，冀北地区的主变压器

表4-1　　A1-1典型模块的输出指标的数据对比

指　　标	冀北地区均值	国网典型工程	比值系数
主要建筑物混凝土量/m^3	123.87	118	1.05
主变压器基础混凝土量/m^3	34.65	60	0.58
GIS基础混凝土量/m^3	197.2	—	—
建筑工程费/万元	685	493	1.39
设备购置费/万元	1907	1701	1.12
安装工程费/万元	448	303	1.48
主变压器系统/元	5411809	4812888	1.12
配电装置/元	8243963	7343023	1.12
控制及直流/元	4159503	4282459	0.97
通信及远动/元	495852	124811	3.97
主要生产建筑/元	1650973	1428998	1.16
配电装置建设/元	2080067	1805653	1.15

表4-2　　A3-3典型模块的输出数据对比

指　　标	冀北地区均值	国网典型工程	比值系数
主要建筑物混凝土量/m^3	661	551	1.20
主变压器基础混凝土量/m^3	72	30	2.41
GIS基础混凝土量/m^3	—	—	—
建筑工程费/万元	850	603	1.41
设备购置费/万元	2168	1936	1.12
安装工程费/万元	472	317	1.49
主变压器系统/元	5294080	4812800	1.10
配电装置/元	10200147	9714426	1.05
控制及直流/元	5026387	3926865	1.28
通信及远动/元	350719	124811	2.81
主要生产建筑/元	3690964	3926557	0.94
配电装置建设/元	1100283	670904	1.64

基础混凝土量使用较国网地区偏少，约为国网通用造价主变压器基础混凝土量指标的 60%，此外，冀北地区工程造价的建筑工程费，安装工程费指标和国家电网通用造价的相差约 40%；冀北地区的通信及远动工程指标数据和国网通用造价控制指标数据的差别较大，大约超出国网典型工程的 3 倍。由于冀北地区变电工程造价中的 GIS 基础混凝土量国网通用造价无法获取相关指标数据，因此该指标没有可比性。

从表 4-2 中可以看出，同类型的 A3-3 典型模块工程造价概算中，冀北地区 110kV 变电工程的输出指标中：主要建筑物混凝土量、设备购置费、主变压器系统、配电装置、主要生产建筑五个指标和国网通用造价工程的差异不大，相差 10%～20%，而建筑工程费、安装工程费、控制及直流工程、配电装置建设相差较大，相差 40%～60%；主变压器基础混凝土量以及通信及远动工程差别较大，为国网典型工程的 2 倍以上。由于 GIS 基础混凝土量国网通用造价无法获取相关指标数据，因此该指标没有可比性。

4.1.2 通用造价代入 Elman 神经网络预测模型的结果分析

1. 通用造价中 A1-1 模块工程造价数据的代入分析

将通用造价的相关输入数据代入冀北变电工程数据训练出的变电工程预测模型进行预测测试，所得结果及误差见表 4-3。

表 4-3　代入 A1-1 模块通用造价的数据预测结果

经济指标	预测值	实际值	误差
主要建筑物混凝土量/m^3	124	118	4.97%
主变压器基础混凝土量/m^3	33	60	−45.25%
GIS 基础混凝土量/m^3	—	—	—
建筑工程费/万元	675	493	36.95%
设备购置费/万元	1822	1701	7.11%
安装工程费/万元	442	303	45.85%

续表

经 济 指 标	预测值	实际值	误差
主变压器系统/万元	5508067	4812888	14.44%
配电装置/万元	8537684	7343023	16.27%
控制及直流/万元	4116678	4282459	−3.87%
通信及远动/万元	493356	124811	295.28%
主要生产建筑/万元	1636683	1428998	14.53%
配电装置建设/万元	2152293	1805653	19.20%

从表4-3中可以看出，代入通用造价A1-1模块相关输入指标后，模型给出的预测结果和原始值之间大部分存在着差异。其中主要建筑物混凝土量、设备购置费、控制及直流三个指标值的预测值误差在20%以内，而主变压器基础混凝土量、建筑工程费、安装工程费三个指标的预测误差超过30%，通信及远动工程造价控制指标的预测结果误差过大，基本不具备参考价值。

上述误差产生的原因和变电工程数据的对比分析基本一致，主要是由于冀北工程A1-1典型模块工程造价概算中，建筑工程费，安装工程费指标的数据均值和国网相对应的通用数据相差约40%；通信及远动工程指标数据和国网通用造价控制指标数据的差别较大，大约超出国网典型工程的3倍所致。由于模型训练时候采用的是冀北数据，因此模型训练输出上所反映的是冀北工程造价的相关特点，输入数据基本没有差异，因此预测数据给出的预测结果和国家电网典型工程的实际数据误差基本符合数据对比分析的结果。

2. 通用造价中A3-3模块工程造价数据的代入分析

将通用造价A3-3模块工程的相关输入数据代入训练出的变电工程预测模型进行预测测试，所得结果及误差见表4-4。

从表中可以看出，代入A3-3模块的通用造价相关输入指标后，模型给出的预测结果和原始值之间大部分存在着较大差异。其中设备购置费、主变压器系统、配电装置、主要生产建筑

表 4-4　代入 A3-3 模块的国家电网公司通用造价数据预测结果

指　　标	预测值	实际值	比值系数
主要建筑物混凝土量/m^3	661	551	1.20
主变压器基础混凝土量/m^3	72	30	2.40
GIS 基础混凝土量/m^3	—	—	—
建筑工程费/万元	850	603	1.41
设备购置费/万元	2168	1936	1.12
安装工程费/万元	472	317	1.49
主变压器系统/万元	5294080	4812800	1.10
配电装置/万元	10200147	9714426	1.05
控制及直流/万元	5026387	3926865	1.28
通信及远动/万元	350719	124811	2.81
主要生产建筑/万元	3690964	3926557	0.94
配电装置建设/万元	1100283	670904	1.64

四个指标值的预测值误差在 20%以内，而建筑工程费、安装工程费两个指标的预测误差超过 30%，主变压器混凝土量以及通信及远动工程造价控制指标的预测结果误差过大，基本不具备参考价值。

上述误差产生的原因和变电工程数据的对比分析基本一致，主要是由于冀北工程 A3-3 典型模块工程造价概算中，建筑工程费、安装工程费、控制及直流工程、配电装置建设相差较大，相差约 40%；主变压器基础混凝土量以及通信及远动工程差别较大，大约超出国网典型工程的 2 倍所致。由于模型训练时候采用的是冀北数据，因此模型训练输出上所反映的是冀北工程造价的相关特点，输入数据基本没有差异，因此预测数据给出的预测结果和国家电网典型工程的实际数据误差基本符合数据对比分析的结果。

4.1.3 变电工程冀北和通用造价控制指标值差异总结

综上所述，冀北地区变电工程造价的设备购置费、主变压器系统、配电装置和相同模块编号的国网通用造价差异不大，均在20%以内。建筑工程费、安装工程费约为相同国网通用造价模块工程的1.3～1.4倍，通信及远动工程造价控制指标约为国网通用造价模块工程的2.5～3倍。除此以外，细化到变电工程的相关模块上，A1-1模块冀北工程造价的主变压器基础混凝土量指标约为相同国网通用造价模块工程的1.3倍左右，A3-3模块冀北工程造价的主变压器基础混凝土量指标约为相同国网通用造价模块工程的1.3～1.4倍。

4.2 线路工程造价对比分析

4.2.1 冀北与通用造价的对比分析

冀北地区线路工程数据涉及的通用造价概算收集到的数据模块为有1D5-H、1F4、1E3、1E4、1GGE3、1GGE4、1A3-P、1B2-P、1D2-P、1E8-P、1E8-Q、1A3-Q几类，由于实际数据和工程可比性等条件，冀北地区线路工程可以和通用线路工程进行对比分析的模块有：1A3-P、1B2-P、1D2-P、1D5-H、1F4五个线路工程模块。这五个模块的相关对比分析见表4-5～表4-9。

表4-5 1A3-P线路工程典型模块的输出数据对比

指标	冀北工程	国网典型工程	比值系数
导线/(t/km)	3.34	3.39	0.99
混凝土/(m^3/km)	56.00	34.00	1.65
基础钢筋/(t/km)	2.52	2.84	0.89
地线/(t/km)	0.59	1.35	0.44

续表

指　　标	冀北工程	国网典型工程	比值系数
塔材量/(t/km)	20.10	15.19	1.32
接地钢材量/(t/km)	0.34	0.21	1.62
金具/(元/km)	1.22	0.23	5.30
基础工程费/(元/km)	310360	60493	5.13
杆塔工程费/(元/km)	295063	139560	2.11
接地工程费/(元/km)	9105	4318	2.11
架线工程费/(元/km)	209547	127153	1.65
附件工程费/(元/km)	117493	25843	4.55
辅助工程费/(元/km)	—	315	—

从1A3-P线路工程的相关数据上看，导线、基础钢筋两个指标国网典型工程模块和冀北工程模块的指标值相差不大，大致在10%范围内；塔材量大致较国网典型工程模块多30%，混凝土、接地钢材量较国网典型工程模块多60%；金具大大超出国网典型工程模块的指标值，而地线则相反，远远低于国网典型工程模块的指标值。基础工程费、杆塔工程费、接地工程费、架线工程费、附件工程费、辅助工程费等经济指标和国网典型工程模块的差别过大，没有可比性。

表4-6　　1B2-P线路工程典型模块的输出数据对比

指　　标	冀北工程	国网典型工程	比值系数
导线/(t/km)	6.82	5.71	1.19
混凝土/(m^3/km)	47.31	46.06	1.03
基础钢筋/(t/km)	1.40	3.25	0.43
地线/(t/km)	—	1.38	—
塔材量/(t/km)	13.92	15.25	0.91
接地钢材量/(t/km)	0.16	0.18	0.89
金具/(元/km)	3.38	0.26	13.00

续表

指　　标	冀北工程	国网典型工程	比值系数
基础工程费/(元/km)	278639	93426	2.98
杆塔工程费/(元/km)	209993	141693	1.48
接地工程费/(元/km)	4223	8299	0.51
架线工程费/(元/km)	120501	121836	0.99
附件工程费/(元/km)	42453	27159	1.56
辅助工程费/(元/km)	844	451	1.87

从1B2－P线路工程相关数据上看，混凝土、塔材量、接地钢材量三个指标通用造价典型工程模块和冀北工程模块的指标值相差不大，大致在10%范围内；导线用量高出国网典型工程模块约20%，由于冀北工程收集到的架空线路的数据中地线部分数据缺失，因此无法比较该指标；金具大大超出国网典型工程模块的指标值，基础钢筋量远远小于国网典型工程模块的指标值，还不到国网典型工程模块的指标值的一半。基础工程费、杆塔工程费、接地工程费、架线工程费、附件工程费、辅助工程费等经济指标和国网典型工程模块的差别过大。

表4－7　　1D2－P线路工程典型模块的输出数据对比

指　　标	冀北工程	国网典型工程	比值系数
导线/(t/km)	3.36	3.28	1.02
混凝土/(m^3/km)	104.54	56.79	1.84
基础钢筋/(t/km)	3.43	3.82	0.90
地线/(t/km)	0.02	1.38	0.01
塔材量/(t/km)	33.92	22.17	1.53
接地钢材量/(t/km)	0.17	0.25	0.68
金具/(元/km)	2.64	0.19	13.89
基础工程费/(元/km)	90984	69292	1.31
杆塔工程费/(元/km)	164104	125054	1.31

续表

指　　标	冀北工程	国网典型工程	比值系数
接地工程费/(元/km)	2829	3260	0.87
架线工程费/(元/km)	79667	160853	0.50
附件工程费/(元/km)	36398	51478	0.71
辅助工程费/(元/km)	530	54069	0.01

从1D2－P线路工程相关数据上看，导线、基础钢筋两个指标国网典型工程模块和冀北工程模块的指标值相差不大，大致在10%范围内；混凝土、塔材量高出国网典型工程模块60%以上，金具大大超出国网典型工程模块的指标值，与之相反的是，地线、接地钢材量远远小于国网典型工程模块的指标值，其中地线还不到国网典型工程模块的指标值的10%。基础工程费、杆塔工程费、接地工程费、附件工程费4个经济指标和国网典型工程模块的差别约30%。架线工程费约为国网典型工程模块的一半，而辅助工程费远远小于国网典型工程模块。

表4－8　　1D5－H线路工程典型模块的输出数据对比

指　　标	冀北工程	国网典型工程	比值系数
导线/(t/km)	4.98	3.28	1.52
混凝土/(m^3/km)	49.82	86.50	0.58
基础钢筋/(t/km)	—	6.67	—
地线/(t/km)	—	1.38	—
塔材量/(t/km)	—	21.22	—
接地钢材量/(t/km)	0.26	0.25	1.04
金具/(元/km)	0.87	0.19	4.58
基础工程费/(元/km)	315604	82639	3.82
杆塔工程费/(元/km)	417521	145247	2.87
接地工程费/(元/km)	30722	2724	11.28

续表

指　　标	冀北工程	国网典型工程	比值系数
架线工程费/(元/km)	262623	161819	1.62
附件工程费/(元/km)	108181	26280	4.12
辅助工程费/(元/km)	6702	321	20.88

从 1D5－H 线路工程相关数据上看，由于基础钢筋、地线、塔材量三个指标的相关数据缺失，无法计算，无法进行比较；接地钢材量的指标值国网典型工程模块和冀北工程模块的指标值相差不大，大致在 5%范围内；导线和混凝土用量大约和国网典型工程模块偏差 50%甚至 60%以上，金具远远超出国网典型工程模块的指标值。基础工程费、杆塔工程费、接地工程费、架线工程费、附件工程费、辅助工程费等经济指标和国网典型工程模块的差别过大。

表 4－9　　1F4 线路工程典型模块的输出数据对比

指　　标	冀北工程	国网典型工程	比值系数
导线/(t/km)	9.64	13.57	0.71
混凝土/(m^3/km)	102.53	57.45	1.78
基础钢筋/(t/km)	—	5.05	—
地线/(t/km)	—	1.35	—
塔材量/(t/km)	—	26.48	—
接地钢材量/(t/km)	0.59	0.33	1.79
金具/(元/km)	3.274	0.94	3.48
基础工程费/(元/km)	99674	205061	0.49
杆塔工程费/(元/km)	205560	433354	0.47
接地工程费/(元/km)	4641	3374	1.38
架线工程费/(元/km)	72842	127969	0.57
附件工程费/(元/km)	42222	50523	0.84
辅助工程费/(元/km)	45625	2928	15.58

从1F4线路工程相关数据上看，由于基础钢筋、地线、塔材量三个指标的相关数据缺失，无法计算，因此无法进行比较；导线的指标值国网典型工程模块和冀北工程模块的指标值相差约30%；接地钢材量和混凝土大约和国网典型工程模块偏差80%左右，金具远远超出国网典型工程模块的指标值。基础工程费、杆塔工程费、接地工程费、架线工程费、附件工程费、辅助工程费等经济指标和国网典型工程模块的差别过大。

4.2.2 通用造价代入Elman神经网络预测模型的结果分析

从上面的数据对比分析上看，对比模块分析中的费用指标，即基础工程费、杆塔工程费、接地工程费、架线工程费、附件工程费、辅助工程费等经济指标和通用造价中的典型工程模块的指标数值的差别过大，并且偏差方向不一致，而输入数据大致相同，模型无法能够准确对费用指标进行预测。因此，对线路工程的相关指标预测对比分析中，不对上述6个费用指标进行对比分析。此外，金具指标同样也和国网典型工程模块的指标数值的差别过大，因此也不对指标数值进行对比分析。除此以外，对相关造价控制指标进进行预测，预测结果见表4－10～表4－14。

表4－10 代入1A3－P模块的通用造价线路工程造价数据预测结果

指标	通用造价	预测值	误差
导线/(t/km)	3.39	3.32	－2.06%
混凝土/(m^3/km)	34.00	55.08	62.00%
基础钢筋/(t/km)	2.84	2.44	－14.08%
地线/(t/km)	1.35	0.62	－54.07%
塔材量/(t/km)	15.19	20.35	33.97%
接地钢材量/(t/km)	0.21	0.35	66.67%

从预测结果表中可以看出，代入1A3－P模块的国家电网公司通用造价相关输入指标后，模型给出的除导线外的相关指标预测结果和原始值之间大部分存在着差异。其中只有导线的误差值

在可用范围内外，基础钢筋指标值的预测值误差约15%，而塔材量指标的预测误差约30%，混凝土、地线、接地钢材量三个指标的预测值误差在50%～70%之间。

上述误差产生的原因和1A3－P模块线路工程数据的偏差对比分析基本一致。由于模型训练时候采用的是冀北数据，因此模型训练输出上所反映的是冀北工程造价的相关特点，输入数据基本没有差异，因此预测数据给出的1A3－P模块预测结果和国家电网典型工程的实际数据误差产生的幅度基本符合数据对比分析的结果。

表4－11 代入1B2－P模块的通用造价线路工程造价数据预测结果

指标	国网典型工程	预测值	误差
导线/(t/km)	5.71	6.74	18.04%
混凝土/(m^3/km)	46.06	47.44	3.00%
基础钢筋/(t/km)	3.25	1.46	−55.08%
地线/(t/km)	1.38	—	—
塔材量/(t/km)	15.25	14.18	−7.02%
接地钢材量/(t/km)	0.18	0.16	−11.11%

从表4－11中可以看出，代入1B2－P模块的国家电网公司通用造价相关输入指标后，模型给出的大部分相关指标预测结果和原始值之间大部分存在着差异，但差异不大，在10%以内。其中基础钢筋指标值的预测值误差约55%，导线指标的预测值误差在10%～20%之间。

上述误差产生的原因和1B2－P模块线路工程数据的偏差对比分析基本一致。由于模型训练时候采用的是冀北数据，因此模型训练输出上所反映的是冀北工程造价的相关特点，输入数据基本没有差异，因此预测数据给出的1B2－P模块预测结果和国家电网典型工程的实际数据误差产生的幅度基本符合数据对比分析的结果。

表 4-12 代入 1D2-P 模块的通用造价线路工程造价数据预测结果

指标	国网典型工程	预测值	误差
导线/(t/km)	3.28	3.35	2.13%
混凝土/(m^3/km)	56.79	105.63	86.00%
基础钢筋/(t/km)	3.82	3.32	−13.09%
地线/(t/km)	1.38	0.03	−97.83%
塔材量/(t/km)	22.17	33.70	52.01%
接地钢材量/(t/km)	0.25	0.16	−36.00%

从表 4-12 中可以看出，代入 1D2-P 模块的国家电网公司通用造价相关输入指标后，模型给出的除导线外的相关指标预测结果和原始值之间大部分存在着差异。其中基础钢筋指标值的预测值误差在 10%左右，剩下指标的预测误差均超过 30%左右，混凝土、地线、塔材量三个指标的预测值误差超过 50%。

上述误差产生的原因和 1D2-P 模块线路工程数据的偏差对比分析基本一致。由于模型训练时候采用的是冀北数据，因此模型训练输出上所反映的是冀北工程造价的相关特点，输入数据基本没有差异，因此预测数据给出的 1D2-P 模块预测结果和国家电网典型工程的实际数据误差产生的幅度基本符合数据对比分析的结果。

表 4-13 代入 1D5-H 模块的通用造价线路工程造价数据预测结果

指标	国网典型工程	预测值	误差
导线/(t/km)	3.28	5.05	53.96%
混凝土/(m^3/km)	86.50	52.77	−38.99%
接地钢材量/(t/km)	0.25	0.26	4.00%

从表 4-13 中可以看出，代入 1D5-H 模块的国家电网公司通用造价相关输入指标后，接地钢材量的指标预测值差别不大，混凝土指标的预测误差均超过 30%，在 40%左右，导线指标的预测值误差超过 50%。

上述误差产生的原因和 1D5－H 模块线路工程数据的偏差对比分析基本一致。由于模型训练时候采用的是冀北数据，因此模型训练输出上所反映的是冀北工程造价的相关特点，输入数据基本没有差异，因此预测数据给出的 1D5－H 模块预测结果和国家电网典型工程的实际数据误差产生的幅度基本符合数据对比分析的结果。

表 4－14　代入 1F4 模块的国网通用线路工程造价数据预测结果

指标	国网典型工程	预测值	误差
导线/(t/km)	13.57	9.77	−28.00%
混凝土/(m^3/km)	57.45	102.26	78.00%
接地钢材量/(t/km)	0.33	0.60	81.82%

从表 4－14 中可以看出，代入 1F4 模块的国家电网公司通用造价相关输入指标后，导线指标的预测误差在 30%左右，混凝土、接地钢材量指标的预测值误差均在 80%左右。

上述误差产生的原因和 1F4 模块线路工程数据的偏差对比分析基本一致。由于模型训练时候采用的是冀北数据，因此模型训练输出上所反映的是冀北工程造价的相关特点，输入数据基本没有差异，因此预测数据给出的 1F4 模块预测结果和国家电网典型工程的实际数据误差产生的幅度基本符合数据对比分析的结果。

4.2.3　线路工程冀北和通用造价控制指标值差异总结

(1) 从冀北地区和通用造价线路工程的相关数据上看，基础工程费、杆塔工程费、接地工程费、架线工程费、附件工程费、辅助工程费等经济指标和通用造价中典型工程模块的差别过大，两者没有对比参考价值，造成此种情况的原因较多，一是冀北地区线路工程特点决定，地质条件、地形条件较之国网通用模块的线路工程存在差异，因此费用相关指标存在较大的差异，另一个原因是制作概算单位的水平存在差异，因此造成了费用概算差异基本没有显在的规律。

（2）各模块中的冀北工程模块导线的指标值和通用造价工程模块的指标值相差不大，大多数差距在10%左右，最高不超过30%；基础钢筋指标值和国网典型工程模块的指标值相差10%～40%；混凝土、接地钢材量大约和国网典型工程模块偏差50%～80%，金具远远超出国网典型工程模块的指标值。

（3）由于收集到的冀北线路工程指标数据和通用造价中的指标数据存在统计口径不同，相对指标值缺失的问题，因此无法准确地和国网典型工程模块的指标值进行对比，此外，有些数据的指标值，如金具的指标值，冀北地区至少超过通用造价相关模块指标值4倍，缺乏对比的参照性。

第5章

结合通用造价的输变电工程造价控制及应用

5.1 基于指标分析的造价变动原因分析及控制的工作模式

为提升输变电工程造价精益化管理水平，优化公司投资决策机制，提高公司投资决策水平，需要对输变电工程造价进行控制，通过对通用造价分析以及和实际应用时的比对分析工作，并分析实际完成的工程项目，总结工程建设和造价管理经验，提出输变电工程造价管控措施建议，为公司投资决策提供控制管理机制，使管理机制能真正结合实际情况落地。

对造价控制管理进行落地，首先需要根据通用造价以及造价分析大纲为蓝本，结合造价预测分析值以及通用造价的相关指标，明确实际情况中容易产生较大变化的指标，追寻相关原因，对要进行控制的重点指标进行筛选。如以新建变电工程单位容量造价的变化为例，经过对比分析，以及参照造价分析大纲，可以提取出变电工程造价需要控制的指标内容及层级关系，见表5-1。

在实际对新建变电站进行控制管理时，需要注意各层级之间的从属关系，需要进行传动控制管理，如在基础指标中，如果造价和概预算有所偏差，需从影响四项费用的最基础指标开始分析。基础指标变化的综合效应传导至各自对应的四项费用，最终传导至单位容量造价变化。因此，在进行造价控制时，要注意是

表 5-1　　新建变电工程技术及经济重点控制指标

<table>
<tr><th colspan="2">分解结构</th><th>技术指标</th><th>经济指标</th></tr>
<tr><td rowspan="4">单位容量造价变化分析得到的重点造价控制指标</td><td>建筑工程费</td><td>建筑面积、主控综合楼面积、钢构及支架重量、设备基础混凝土工程量、地形地貌占比、站地土石方米量、地基处理方法及运用比例</td><td>主控综合楼建筑单价、地基处理费用、挡土墙及护坡单站费用、进站路单站费用</td></tr>
<tr><td>设备购置费</td><td>单站主变压器容量、GIS占比、其他配电装置形式占比、断路器规模占比</td><td>主变压器单价、断路器设备单价</td></tr>
<tr><td>安装工程费</td><td>单站主变压器数量、高压出线规模、中压出线规模、单站电力电缆耗量、单站控制电缆耗量</td><td>—</td></tr>
<tr><td>其他费用</td><td>建设场地征用面积、平均单站围墙内征地面积</td><td>场地征用及清理费单价、项目前期工作费、环境监测验收费、水土保持项目验收及补偿费、桩基监测费用、大件运输费</td></tr>
</table>

一个系统化、结构化的过程。根据各级指标对输变电工程造价分析并进行控制落地的工作模式可通过图 5-1 形象化地体现出来，其主要是基于国家电网公司已明确的费用主要影响因素及既定指标体系，进行层层分析得到造价变化区间，从而采用相关的管理决策。

5.2 基于通用造价的冀北输变电工程造价数据分析及指标控制体系的构建

5.2.1 冀北造价数据分析指标控制体系的构建流程

以冀北公司为例，根据上文中的对比分析结果，在图 5-1 中，将通用造价和冀北实际情况的差异引入到图 5-1 的路径中，即通过差异对比为输变电工程造价数据分析控制体系提供权重、

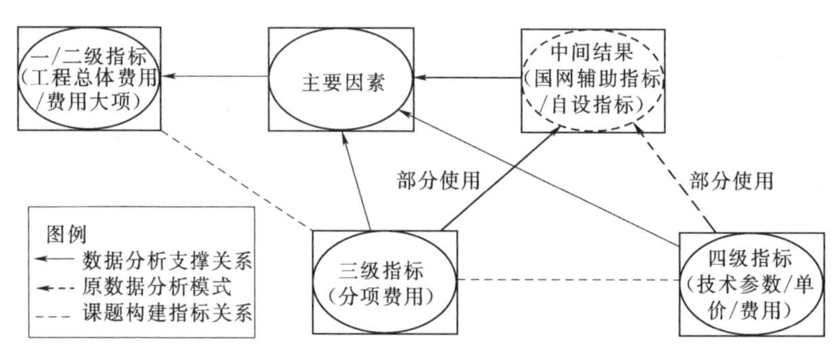

图 5-1 造价变动原因分析及控制的工作模式

趋势及异动分析的决策系数，并且在未来随着数据的增加，以及模型的进一步优化，可以基于相关数学模型调整指标间关系，对体系内各层级数据进行定量分析，在整个体系中，邀请业务专家开展造价变化原因分析，并形成评价结论，其流程如图 5-2 所示。

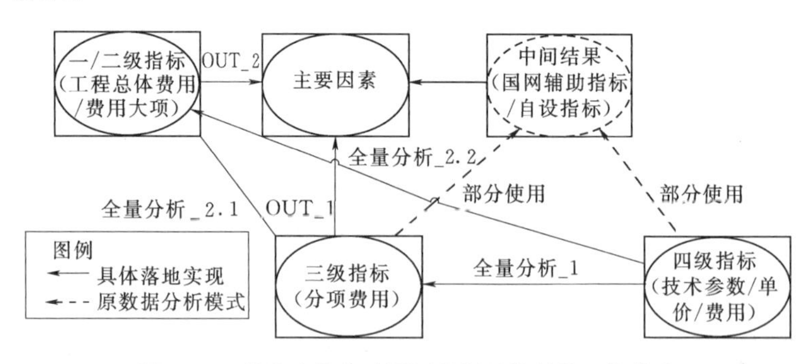

图 5-2 冀北造价变动原因分析及控制的工作模式

通过上述的输变电工程造价分析工作模式，可以梳理形成冀北地区实际造价分析工作过程的支撑关系，如图 5-3 所示。

通过相关的指标筛选，在开展冀北地区输变电工程造价数据分析体系构建的基础上，通过建立冀北输变电工程造价分析及控制的指标体系，形成造价控制指标库，以此为基础开展造价控制。

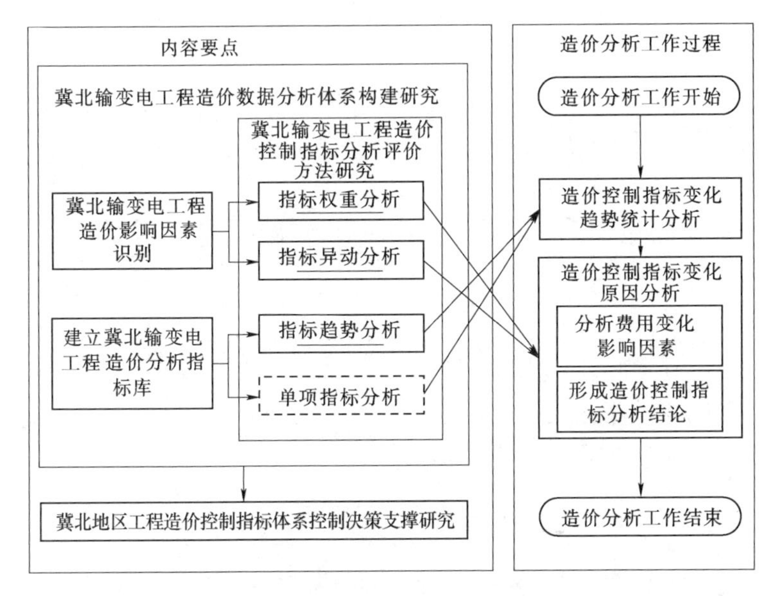

图 5-3 基于通用造价的指标体系对造价分析和控制的工作过程支撑关系

(1) 根据实际工作需要，开展“造价控制指标权重分析”与“造价控制指标异动分析”，根据关键费用及其关联影响因素识别关系，分别从权重与波动两个层面形成量化分析结论；对于波动异常的项，形成异动分析量化分析结论。通过上述量化分析成果，形成相关成果报表及原因分析内容描述，为造价控制指标的变化原因分析提供支撑。

(2) 通过开展“造价控制指标趋势分析”及对已建立的冀北输变电工程造价控制指标库中“单项指标”进行专项分析，基于历史数据及当期数据形成指标趋势分析成果，通过信息化手段的呈现，形成一段时间内造价控制指标变化趋势统计分析成果报表及变化波动的原因分析，为造价控制指标及分项费用发生的相关既定事实描述提供支撑，在支撑的信息上，对整个造价的波动进行估计，并为控制决策提供支持。

根据工作模式，对冀北地区输变电工程造价数据分析的体系构建框架流程图，如图5-4所示。

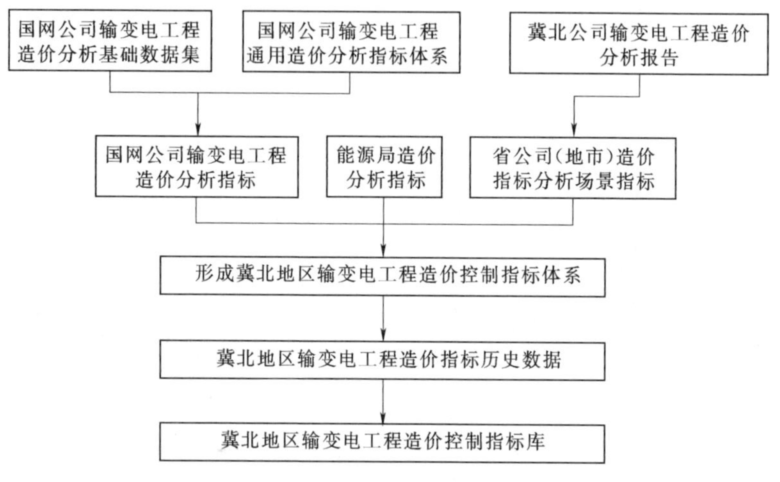

图5-4 冀北地区输变电工程造价控制指标体系构建框架流程图

基于对国家电网公司输变电工程造价分析基础数据收集表以及国家电网公司输变电工程通用造价分析指标体系进行分析，以此为基础进一步梳理国家能源局造价分析指标、冀北公司造价控制指标分析场景指标，结合冀北地区及相关地市公司造价分析工作实际需要，通过对不同层次指标进行归集整理，形成冀北地区输变电工程造价控制指标体系。其中，定性指标由业务专家判断人工给出尝试性应用建议，而定量指标将继续参与后续贡献度及进一步权重及异动分析计算。

5.2.2 冀北地区造价控制指标分析体系设计

1. 体系设计业务架构

最底层的输变电工程造价控制指标库构建主要包括输变电工程历史经验库管理、技术经济指标获取、造价影响因素指标获取三部分业务。主要业务涉及工程初设概算、竣工结算、竣工决算阶段。输变电工程技术经济指标参数库的总体业务架构示意如图5-5所示。

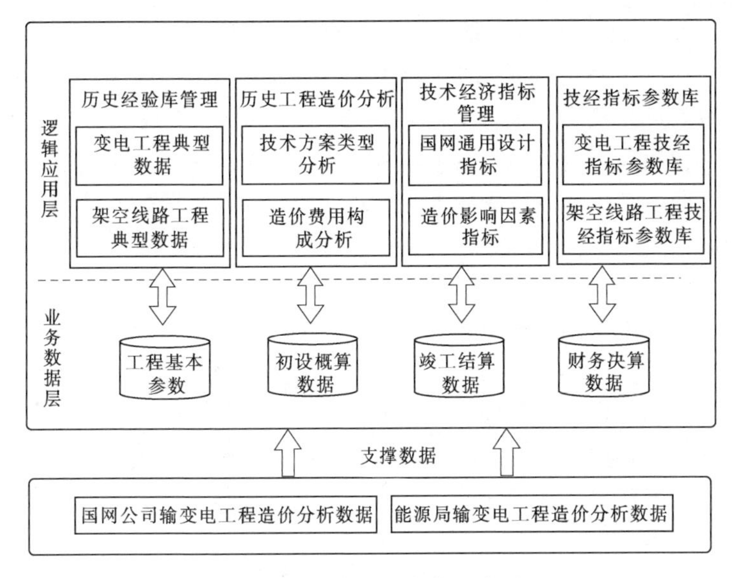

图 5-5　总体业务架构示意图

构建冀北地区输变电工程造价控制指标库的业务来源主要包括四个部分，其关系如图 5-6 所示。

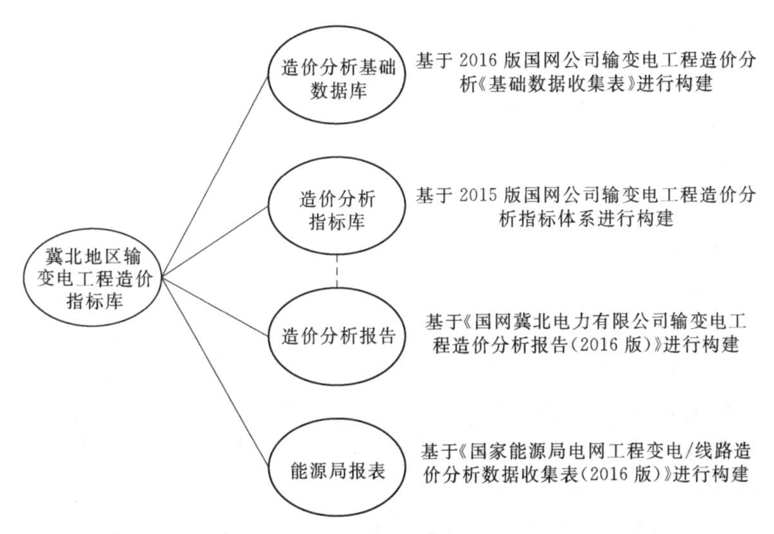

图 5-6　体系构建业务来源示意图

2. 控制指标体系结构分解

通过对上述四个业务来源中的造价控制指标、技术参数及基础数据进行梳理，以冀北地区历史年度工程造价数据为研究对象，构建冀北地区输变电工程造价控制数据指标体系。体系共分为一级、二级、三级、四级共计四层指标，其来源关系分解结构如图 5-7 所示。

(1) 一级指标来源，主要包括：根据国家电网公司输变电工程造价分析指标体系中定义的各工程类型建设费用合计，主要是工程概算/结算阶段静态投资（万元）；参照《冀北公司 2016 年度输变电工程造价分析报告》中对相关工程类型的概况统计中的统计目标项分析获取。国家电网公司造价分析指标体系中的一级指标作为此处一级指标的"辅助"指标被一并纳入冀北造价分析指标体系。

(2) 二级指标来源，主要包括：根据国家电网公司输变电工程造价分析指标体系中定义的各工程类型费用大项合计，主要是工程概算/结算阶段静态投资（万元）；参照国家电网公司输变电工程造价分析《基础数据收集表》中相关费用类字段集、《冀北公司 2016 年度输变电工程造价分析报告》中对相关工程主要分项费用统计中的统计目标项分析获取。变电工程主要包括建筑工程费、安装工程费、设备购置费及其他费用。线路工程主要包括本体费用、其他费用。国家电网公司造价分析指标体系中的二级指标作为此处二级指标的"辅助"指标被一并纳入冀北造价分析指标体系。

(3) 三级指标来源，主要包括：基于 2013 版预规费用项目划分规范形成各类核心分项费用；参照国家电网公司输变电工程造价分析《基础数据收集表》中各专业费用大项下的主要分项费用字段集；参照《冀北公司 2016 年度输变电工程造价分析报告》中对相关工程类型的各大费用分析主题中的统计目标项分析获取。

(4) 四级指标来源，主要包括：参照国家电网公司输变电工

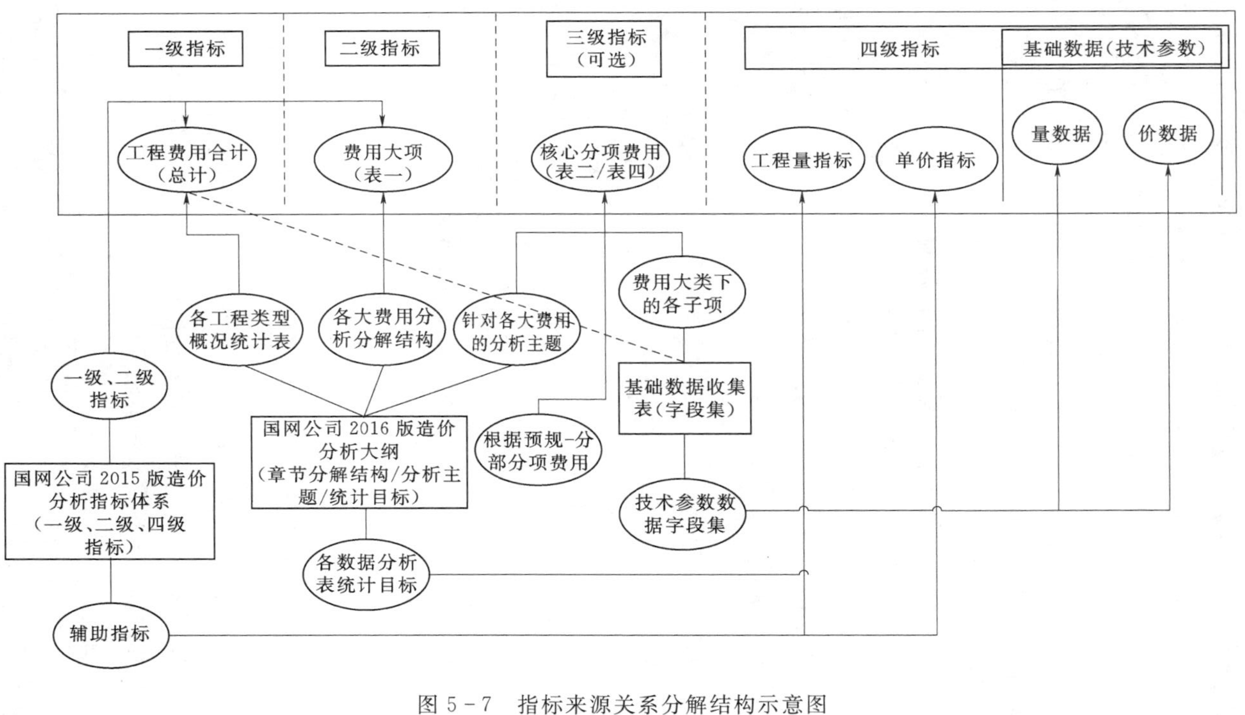

图5-7 指标来源关系分解结构示意图

程造价分析《基础数据收集表》中技术参数部分各类型设备数量、单价相关指标集；参照《冀北公司2016年度输变电工程造价分析报告》中对相关工程类型的各费用下的关键影响因素内相关分析表的统计目标项进行分析获取。国家电网公司造价分析指标体系中的辅助指标作为此处四级指标的“衍生”指标被一并纳入冀北造价分析及控制指标体系。

3. 体系设计应用目标

通过构建冀北输变电工程造价指标控制体系，实现基于四级指标体系下工程主要技术经济参数对分项费用的权重及波动控制分析、费用大类分项费用及关键影响因素的追溯控制分析，其结构示意图如图5-8所示，为冀北地区开展输变电工程造价分析及控制工作提供辅助支撑。

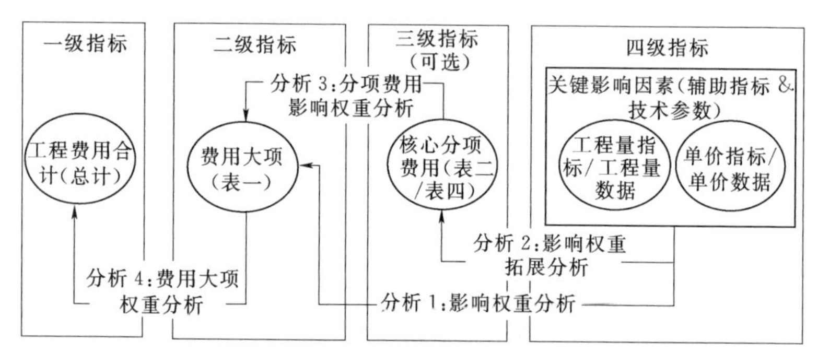

图5-8 分析控制体系应用结构示意图

5.2.3 冀北地区输变电工程造价控制指标分析体系

通过上述的变电站工程、线路工程造价控制指标体系的构建方法及操作步骤，完成冀北地区造价控制指标分析体系构建成果，具体内容分工程类型归集如下。

1. 变电工程造价控制指标

变电工程造价控制指标共计95项，其中一级指标1项，二级指标5项，三级指标17项，四级指标72项。另含辅助指标

85 项，其中从国家电网公司输变电工程造价分析指标体系引用纳入 52 项，从《冀北公司 2016 年度输变电工程造价分析报告》中梳理引入纳入 33 项。具体指标图例如图 5-9 所示，具体指标信息见表 5-1。

2. 架空线路工程造价控制指标

架空线路工程造价控制指标共计 132 项，其中一级指标 1 项，二级指标 5 项，三级指标 34 项，四级指标 92 项。另含辅助指标 62 项，其中从国家电网公司输变电工程造价分析指标体系引用纳入 53 项，从《冀北公司 2016 年度输变电工程造价分析报告》中梳理引入纳入 9 项，具体图例如图 5-10 所示。

3. 电缆线路工程造价控制指标

电缆线路工程造价控制指标共计 94 项，其中一级指标 2 项，二级指标 8 项，三级指标 27 项，四级指标 57 项。另含辅助指标 30 项，其中从国家电网公司输变电工程造价分析指标体系引用纳入 25 项，从《冀北公司 2016 年度输变电工程造价分析报告》中梳理引入纳入 5 项，具体指标图例如图 5-11 所示。

4. 通信设备工程造价控制指标

由于通信设备工程造价所占工程费用比例较少，对工程整体投资影响不大，因此其造价控制指标的权重、异动及趋势分析可以忽略。为构建造价控制指标分析体系完整性，在此一并列出其辅助类指标，共计 19 项，全部由国家电网公司输变电工程造价分析指标体系中引入使用，具体指标图例如图图 5-12 所示。

5. 通信光缆工程造价控制指标

由于通信光缆工程所占工程费用比例较少，对工程整体投资影响不大，因此其造价控制指标的权重、异动及趋势可以忽略。为构建造价控制指标分析体系完整性，在此一并列出其辅助类指标，共计 20 项，全部由国家电网公司输变电工程造价分析指标体系引入使用，具体指标图例如图 5-13 所示。

【三级、四级指标图例】

来源=13预规中相关分项费用、常用技术参数

来源=国网公司2016版基础数据收集表

一、变电工程

指标												
一级指标	静态投资											
二级指标	建筑工程费	安装工程费	设备购置费	其他费用	基本预备费							
三级指标	主控（综合）楼建筑费用	全站配电装置建筑费用	场地平整费用（万元）	地基处理费用（万元）	挡土墙及护坡费用（万元）	站外水源费用	站外电源费用	保护测控等二次设备（万元/站）	智能化相关设备（万元/站）			
	建设场地征用及清理费合计	场地清理费（万元）	项目建设管理费	项目建设技术服务费	项目前期工作费	工程建设检测费	生产准备费	大件运输措施费				
四级指标池（无重复项）	高压侧额定电压（kV）	电压侧额定电压（kV）	低压侧额定电压（kV）	建设性质	是否智能化变电站	自然条件，污秽等级	自然条件，海拔（m）	自然条件，地形地貌统计	变电站型式	主变压器，有/无载调压	主变压器，本期台数（三相）	主变压器，远期台数（三相）
	主变压器，单台容量（三相）（MVA）	主变压器，单价（三相，万元/台）	主变压器，设备型号	本期出线回数，高压侧	本期出线回数，中压侧	本期出线回数，低压侧	配电型式及断路器台数，高压侧，配电装	配电型式及断路器台数，高压侧，断路器	配电型式及断路器台数，高压侧，单价	配电型式及断路器台数，高压侧，母线PT	配电型式及断路器台数，高压侧，预留间	配电型式及断路器台数，中压侧，配电装
	配电型式及断路器台数，中压侧，断路器	配电型式及断路器台数，中压侧，单价	配电型式及断路器台数，中压侧，母线PT	配电型式及断路器台数，中压侧，预留间隔	配电型式及断路器台数，低压侧，配电装置	配电型式及断路器台数，低压侧，断路器	配电型式及断路器台数，低压侧，单价	接线型式，高压侧	接线型式，中压侧	接线型式，低压侧	高压电抗器，数量（组）	高压电抗器，单组容量（Mvar）
	高压电抗器，单台价格（万元/组）	低压电容器，数量（组）	低压电容器，单组容量（Mvar）	低压电容器，价格（万元/Mvar）	低压电抗器，数量（组）	低压电抗器，单组容量（Mvar）	低压电抗器，价格（万元/Mvar）	电缆材料，控制电缆，数量（km）	电缆材料，控制电缆，平均单价	电缆材料，1kV及以下电力电缆，数量	电缆材料，2kV及以下电力电缆，平均单价	电缆材料，光缆（km）
	接地材料，扁钢（t）	接地材料，铜排（t）	建筑面积（m²），全站	建筑面积（m²），主控（综合）楼	主变及进出线钢构、支架（t），主变	主变及进出线钢构、支架（t），高压侧	主变及进出线钢构、支架（t），中压侧	主变及进出线钢构、支架（t），低压侧	主变及进出线钢构、支架（t），镀锌钢	主变及进出线钢构、支架（t），镀锌钢	主变及进出线基础混凝土量（m³），主变	主变及进出线基础混凝土量（m³），高压
	主变及进出线基础混凝土量（m³），中压	主变及进出线基础混凝土量（m³），低压	站区其他设备支架及基础，钢支架（t）	站区其他设备支架及基础，混凝土基础	电缆沟（m³）	进站道路，长度（m）	进站道路，费用（万元）	场地平整土石方量（m³/站）	地基处理方法	外运或外购的场地平整土石方工程量（m³/站）	全站征地面积（亩）	围墙内征地面积（亩）

图5-9（一） 变电工程造价控制一～四级指标图例

【图例】

- 来源＝国网15版造价分析指标体系
- 来源＝冀北2016版《造价分析报告》

【平均指标】

一、变电工程

级别								
一级指标（辅助类）	单位造价							
二级指标（辅助类）	单位容量建筑工程费	单位容量设备购置费	单位容量安装工程费	单位容量其他费用				
三级指标	无							
四级指标（辅助类）	单位建筑面积	单站主控（综合）楼建筑面积	单站征地面积	单站围墙内占地面积	单站场地平整土石方量	单站设备基础混凝土工程量	单站电力电缆耗量	单站控制电缆耗量
	单站配电装置构架量	单站接地材料重量	单站高、低站阀厅体积	单站站内房屋建筑面积	单站成套式变电站建筑面积	主控综合楼建筑单价	土地征地费用单价	建设场地清理费用单价
	主变压器单价	断路器单价	高压电抗器单价	换流变压器设备单价	换流阀设备单价	平波电抗器设备单价	交流滤波器设备单价	直流场设备设备单价
	控制及直流系统设备单价	站内房屋建筑单价	成套式变电站建筑单价	开关柜单价				
	全站建筑面积（m²/站）[两年水平]	主控综合楼建筑面积（m²/站）[两年水平]	主控综合楼建筑单价（元/m²）[两年水平]	全站建筑物费用（万元/站）	钢构/支架（t/站）[两年水平]	基础混凝土（m³/站）[两年水平]	变电站数量	土石方量（m³/站）[两年水平]
	地基处理方式频次	地基处理费用（万元/站）	挡土墙（万元/站）[两年水平]	进站道路（万元/站）[两年水平]	设备单价（万元/组/台）[两年水平]	平均单价主变容量（MVA/站）[两年水平]	主变购置费（万元/站）	平均单价（万元/台）[两年水平]
	配电装置占比[两年水平]	主回路/站[两年水平]	台/主回路[两年水平]	台数[两年水平]	断路器购置费（万元/站）	主变压器数量（台数/站）[两年水平]	高压出线规模（回/站）[两年水平]	中压出线规模（回/站）[两年水平]
	电力电缆工程量（km/站）[两年水平]	控制电缆工程量（km/站）[两年水平]	全站征地面积（亩/站）[两年水平]	围墙内征地面积（亩/站）[两年水平]	场地征用及清理费单价（万元/亩）[两年水平]	建设场地征用及清理费（万元/站）	项目建设管理费（万元/站）	生产准备费（万元/站）
	桩基检测费（万元/站）							

【总量指标】

工程总数量	工程总投资	工程总规模

【相对指标】

级别								
一级指标	抵扣固定资产增值税占总投资比重	单位造价变化率	概算较估算下降率	决算较概算节余率				
二级指标	建筑工程费占比	设备购置费占比	安装工程费占比	其他费用占比	单位容量建筑工程费变化率	单位容量设备购置费变化率	单位容量安装工程费变化率	单位容量其他费用变化率
	建筑工程费决算较概算节余率	安装工程费决算较概算节余率	设备购置费决算较概算节余率	其他费用决算较概算节余率				

图 5－9（二） 变电工程造价控制一～四级指标图例

【三级、四级指标图例】

二、架空线路

指标层级												
一级指标												
二级指标	本体费用	辅助设施工程	编制年价差	其他费用	基本预备费							
三级指标	基础工程	杆塔工程	接地工程	架线工程	附件工程	辅助工程						
	建设场地征用及清理费合计	建设场地征用及清理费、塔基永久占地费	建设场地征用及清理费、经济作物、农副	建设场地征用及清理费、走廊施工补偿费	建设场地征用及清理费、树木砍伐赔偿费	建设场地征用及清理费、房屋拆迁赔偿费	建设场地征用及清理费、大型厂矿拆迁补偿费	项目建设管理费	项目建设技术服务费			
	项目前期工作费合计	项目前期工作费，土地预审	项目前期工作费，环境影响评价	项目前期工作费，劳动安全卫生预评价	项目前期工作费，地质灾害评价	项目前期工作费，地震灾害评价	项目前期工作费，编制水水土保持大纲	项目前期工作费，矿产压覆评估	项目前期工作费，林业规划勘测			
	项目前期工作费，文物普探	环境检测验收费	水土保持项目验收及补偿费	勘察费	设计费	监理费	桩基检测费	生产准备费	辅助施工费用	施工道路修筑		
四级指标（无重复项）	架空线路型式	路径长度（km），线路长度合计（折单）	路径长度（km），单回路长度	路径长度（km），双回路长度	路径长度（km），三回路长度	路径长度（km），四回路长度	路径长度（km），只挂线（含更换导线）	杆塔，总基数（基）	杆塔（材质）角钢塔，塔基数	杆塔（材质），角钢塔，塔材量（t）	杆塔（材质），角钢塔，高强钢塔材量占比	杆塔（材质），角钢塔，塔材价格（万元）
	杆塔（材质），钢管塔，塔基数	杆塔（材质），钢管塔，塔材量（t）	杆塔（材质），钢管塔，钢管价格（万元）	杆塔（材质），钢管杆（基），塔基价格（万元）	杆塔（材质），钢管杆（基），塔材价格（万元）	杆塔（材质），钢管杆（基），钢管价格（万元）	杆塔（材质），水泥杆（基）价格（万元）	杆塔（类型），直线塔（基）价格（万元）	杆塔（类型），塔高超过70m的塔基数价格（万元）	杆塔（类型），耐张转角塔基数（基）价格（万元）	海拔（m）价格（万元）	导线及线材，分裂数价格（万元）
	导线及线材，单根导线面积	导线及线材，导线量（t）	导线及线材，导线价格（元/t）	导线及线材，导线类型	无冰区（0mm），≤29km	无冰区（1mm），31km	无冰区（2mm），33km	无冰区（3mm），35km	无冰区（4mm），≤37km	轻冰区（5mm，10mm），23.5km	轻冰区（5mm，11mm），25km	轻冰区（5mm，12mm），27km
	轻冰区（5mm，13mm），29km	轻冰区（5mm，14mm），31km	轻冰区（5mm，15mm），≥33km	中冰区（15mm，20mm（中）） 23.5km	中冰区（15mm，21mm（中）），25km	中冰区（15mm，22mm（中）），27km	中冰区（15mm，23mm（中）），29km	中冰区（15mm，24mm（中）），31km	中冰区（15mm，25mm（中）），≥33km	重冰区（20mm/25mm/30mm/40mm及以上	地形分布（%），平地占比	地形分布（%），丘陵占比
	地形分布（%），河网占比	地形分布（%），泥沼占比	地形分布（%），山地占比	地形分布（%），高山占比	地形分布（%），沙漠占比	地形分布（%），峻岭占比	地质条件（%），冻土占比	地质条件（%），普通土占比	地质条件（%），坚土占比	地质条件（%），松砂石占比	地质条件（%），水坑占比	地质条件（%），泥水坑占比
	地质条件（%），流沙坑占比	地质条件（%），岩石爆破占比	地质条件（%），岩石人工占比	土石方量，基坑	土石方量，接地	土石方量，基面	土石方量，尖峰	占总塔基数比例（%），台阶式	占总塔基数比例（%），板式	占总塔基数比例（%），插入式	占总塔基数比例（%），掏挖	占总塔基数比例（%），岩石嵌固
	占总塔基数比例（%），锚杆	占总塔基数比例（%），灌注桩	占总塔基数比例（%），人工挖孔桩	占总塔基数比例（%），其他	基础混凝土总量（m³）	占总塔基数比例（%），台阶式	占总混凝土比例（%），板材	占总混凝土比例（%），插入式	占总混凝土比例（%），掏挖	占总混凝土比例（%），岩石嵌固	占总混凝土比例（%），锚杆	占总混凝土比例（%），灌注桩
	占总混凝土比例（%），人工挖孔桩	占总混凝土比例（%），其他	基础钢材，基础钢材量（t）	基础钢材，价格（元/t）	水泥（t）	黄砂（m³）	石子（m³）	建设场地征用及清理费，塔基永久占地单价（元/m²）				

图 5-10（一） 架空线路工程控制一～四级指标示例图

【图例】

来源=国网15版造价分析指标体系

来源=冀北2016版《造价分析报告》

二、架空线路

【平均指标】									【总量指标】			【相对指标】							
一级指标（辅助类）	单位长度造价	单位容量长度造价							工程总数量	工程总投资	工程折单总长度	抵扣固定资产增值税占总投资比重	单位长度造价变化率	单位容量长度造价变化率	概算较估算下降率	决算较概算节余率			
二级指标（辅助类）	单位容量长度本体费用	单位容量长度其他费用	单位长度本体费用	单位长度其他费用	单位长度建筑工程费	单位长度设备购置费	单位长度安装工程费	单位长度电气工程本体费用				单位容量长度本体费用变化率	单位容量长度其他费用变化率	单位长度本体费用变化率	单位长度其他费用变化率	本体费用占比	其他费用占比	本体费用决算较概算节余率	其他费用决算较概算节余率
	单位长度土建工程本体费用											建筑工程费占比	设备购置费占比	安装工程费占比	电气工程本体费用占比	土建工程本体费用占比	单位长度建筑工程费变化率	单位长度设备购置费变化率	单位长度安装工程费变化率
												单位长度电气工程本体费用变化率	单位长度土建工程本体费用变化率	电气工程决算较概算节余率	土建工程决算较概算节余率				
三级指标	无																		
四级指标（辅助类）	单位长度塔材量	单位长度线材量	单位长度土石方量	单位长度基础混凝土量	单位长度基础钢材量	单位塔基征地面积	单位长度电缆终端头数量	单位长度电缆中间头数量											
	导线价格	塔材价格	土地征用费用单价	电缆单价	电缆终端头单价	电缆中间头单价													
	单位容量长度本体费用（元/kVA·km）	导缆平均价格（万元/t）[两年水平]	塔材平均价格（万元/t）[两年水平]	单位公里线材耗量（t/km）[两年水平]	单位公里塔材耗量（t/km）[两年水平]	占百分比（%）[角钢塔/t钢管塔（钢管塔/钢塔总量）]	基础混凝土（m^3/km）[两年水平]	基础钢筋里（t/km）[两年水平]											
	单位容量长度其他费用（元/kVA·km）																		

图5-10（二） 架空线路工程控制一～四级指标示例图

【三级、四级指标图例】

三、电缆线路

指标												
一级指标	安装费用，静态投资	建筑费用，静态投资										
二级指标	安装，本体费用	安装，辅助设施	安装，其他费用	安装，基本预备费	建筑，本体费用	建筑，辅助设施费	建筑，其他费用	建筑，基本预备费				
三级指标	安装费用，电缆安装本体费用，设备费	安装费用，电缆安装本体费用，安装费	建筑费用，其中：建场费，建场费合计	建筑费用，建场费，征地费用合计	建筑费用，建场费，房屋拆迁补偿费用合	建筑费用，建场费，林木赔偿费用						
	建筑费用，明开隧道本体费用	建筑费用，明开隧道本体费用，工艺井部	建筑费用，暗挖隧道本体费用	建筑费用，暗挖隧道本体费用，工艺井部	建筑费用，盾构隧道本体费用	建筑费用，盾构隧道本体费用，工艺井部	建筑费用，隧道穿越段本体费用					
	建筑费用，排管本体费用，保护管（埋管）	建筑费用，排管本体费用，保护管工艺井	建筑费用，排管本体费用，保护管穿越段	建筑费用，排管本体费用，顶管	建筑费用，排管本体费用，顶管穿越段	建筑费用，排管本体费用，排管穿越段	建筑费用，沟道本体费用	建筑费用，直埋本体费用	建筑费用，防水、避水措施费用	建筑费用，其他措施费用	建筑费用，其中通风、排水、照明、消防	
	建筑费用，项目前期工作经费合计	建筑费用，项目前期工作经费，环评费	建筑费用，第三方监测费用									
四级指标池（无重复项）	地质情况	地形（%），平地占比	地形（%），丘陵占比	地形（%），山地占比	地形（%），河网占比	地形（%），泥沼占比	地貌（%），房屋占比	地貌（%），绿地占比	地貌（%），道路、桥区占比	地貌（%），铁路占比	地貌（%），地铁占比	安装技术条件，电缆回路数
	安装技术条件，电缆长度（折成单回单项米）	安装技术条件，电缆型号	安装技术条件，电缆截面（mm²）	安装技术条件，电缆中间接头（个）	安装技术条件，电缆终端接头（个）	安装技术条件，电缆建筑工程全长	安装技术条件，隧道，明开隧道断面（宽度×深度）	安装技术条件，隧道，明开隧道长度	建筑技术条件，隧道，明开隧道工艺井	建筑技术条件，隧道，暗挖隧道断面	建筑技术条件，隧道，暗挖隧道长度	建筑技术条件，隧道，暗挖隧道工艺井
	建筑技术条件，隧道，盾构隧道断面（宽度×深度）	建筑技术条件，隧道，盾构隧道长度	建筑技术条件，隧道，盾构隧道工艺井	建筑技术条件，隧道，隧道穿越段长度	建筑技术条件，隧道，隧道穿越段长度	建筑技术条件，隧道，隧道穿越段长度	建筑技术条件，排管，保护管（埋管、拉管）	建筑技术条件，排管，保护管长度（m）	建筑技术条件，排管，保护管井（个）	建筑技术条件，排管，顶管断面（根数×单根万元面积）	建筑技术条件，排管，顶管长度（m）	建筑技术条件，排管，顶管井（个）
	建筑技术条件，排管，排管井（个）	建筑技术条件，排管，排管穿越段长度	建筑技术条件，排管，排管穿越段长度	建筑技术条件，排管，排管穿越段长度	建筑技术条件，排管，埋管、拉管穿越段	建筑技术条件，排管，埋管、拉管穿越段	建筑技术条件，排管，埋管、拉管穿越段	建筑技术条件，排管，顶管穿越段长度	建筑技术条件，排管，顶管穿越段长度	建筑技术条件，排管，顶管穿越段长度	建筑技术条件，沟道（有可开启盖	建筑技术条件，沟道（有可开启盖
	建筑技术条件，直埋，长度（m）	电缆单价（元/m）	电缆档次（国产、合资、进口）	电缆接头中间接头单价（元/个）	电缆接头终端接头单价（元/个）	电缆接头档次（国产、合资、进口）	建筑费用，建场费，征地单价（万元/站）	建筑费用，建场费，房屋拆迁单价（万元/站）	建筑费用，建场费，林木赔偿单价（万元/站）			

图5-11（一） 电缆线路造价控制一～四级指标示例图

【图例】								
	来源=国网15版造价分析指标体系							
	来源=冀北2016版《造价分析报告》							
【平均指标】								【总量指标】 【相对指标】
三、电缆线路								
一级指标（辅助类）	单位长度造价	单位容量长度造价						
二级指标（辅助类）	单位容量长度本体费用	单位容量长度其他费用	单位长度本体费用	单位长度其他费用	单位长度建筑工程费	单位长度设备购置费	单位长度安装工程费	单位长度电气工程本体费用
	单位长度土建工程本体费用							
三级指标	无							
四级指标（辅助类）	单位长度塔材量	单位长度线材量	单位长度土石方量	单位长度基础混凝土量	单位长度基础钢材量	单位塔基征地面积	单位长度电缆终端头数量	单位长度电缆中间头数量
	导线价格	塔材价格	土地征用费用单价	电缆单价	电缆终端头单价	电缆中间头单价		
	电缆设备单位长度分项费用（万元/km）[两年水平]	电缆设备单位长度分项费用（万元/km）[两年水平]	电缆土建本体单位长度分项费用（万元/km）[两年水平]	本体单位长度分项费用（万元/km）[两年水平]	其他费用（万元/km）[两年水平]			

图 5-11（二） 电缆线路造价控制一～四级指标示例图

【图例】																			
	来源=国网15版造价分析指标体系																		
	来源=冀北2016版《造价分析报告》																		
【平均指标】									【总量指标】			【相对指标】							
四、通信设备工程																			
一级指标（辅助类）	单位工程造价								工程总数量	工程总投资		单位工程造价变化率	概算较估算下降率	决算较概算节余率					
二级指标（辅助类）	单位工程建筑工程费	单位工程设备购置费	单位工程安装工程费	单位工程其他费用								建筑工程费占比	设备购置费占比	安装工程费占比	其他费用占比	单位工程建筑工程费变化率	单位工程设备购置费变率	单位工程安装工程费变化率	单位工程其他费用变化率
三级指标	无																		
四级指标（辅助类）	光设备单位																		

图5-12 通信设备工程造价控制一～四级指标图

【图例】																			
	来源=国网15版造价分析指标体系																		
	来源=冀北2016版《造价分析报告》																		
【平均指标】									【总量指标】			【相对指标】							
五、通信设备工程																			
一级指标（辅助类）	单位长度造价								工程总数量	工程总投资	工程总长度	单位长度造价变化率	概算较估算下降率	决算较概算节余率					
二级指标（辅助类）	单位长度建筑工程费	单位长度设备购置费	单位长度安装工程费	单位长度其他费用								建筑工程费占比	设备购置费占比	安装工程费占比	其他费用占比	单位长度建筑工程费变化率	单位长度设备购置费变化率	单位长度安装工程费变化率	单位长度其他费用变化率
三级指标	无																		
四级指标（辅助类）	光缆价格																		

图5-13 通信光缆工程造价控制一～四级指标示例图

5.3 冀北地区输变电工程造价控制指标及主要影响因素

基于工程造价控制指标体系构建阶段研究成果，以冀北地区输变电工程造价控制指标库为基础数据来源，从波动与占比两个层面进行指标集的贡献度分析，在影响因素的基础上进一步识别出对指标体系中关键费用产生重大影响的关键因素，作为控制的重点指标，经过结合和通用造价的对比分析，对上章中的指标体系进行了波动分析，结合输变电工程的特点，将输变电工程作为研究对象，通过上述指标体系计算机辅助软件的实现，并结合专家经验，采用鱼骨分析法、WBS 分解、过程分析等方法进行因素的正向全面识别，采集冀北地区 2011—2015 年输变电工程变电工程、架空线路工程、电缆线路工程样本数据共计 465 个。其中，变电工程 210 个，架空线路工程 231 个，电缆线路工程 24 个。从年度维度划分，其中 2011 年样本 60 个，2012 年样本 130 个，2013 年样本 90 个，2014 年样本 80 个，2015 年样本 105 个，对整个冀北地区的造价关键控制指标和影响因素进行识别。样本统计表见表 5 - 2。

表 5 - 2　　工程样本统计表

年　份	变电工程	架空线路	电缆线路	合计
2011	29	31	0	60
2012	55	70	5	130
2013	34	52	4	90
2014	42	33	5	80
2015	50	45	10	105
合计	210	231	24	465

5.3.1 变电工程造价主要控制指标和影响因素

对变电工程进行分析，得到冀北变电工程造价主要控制指标和影响因素如图 5 - 14 所示。

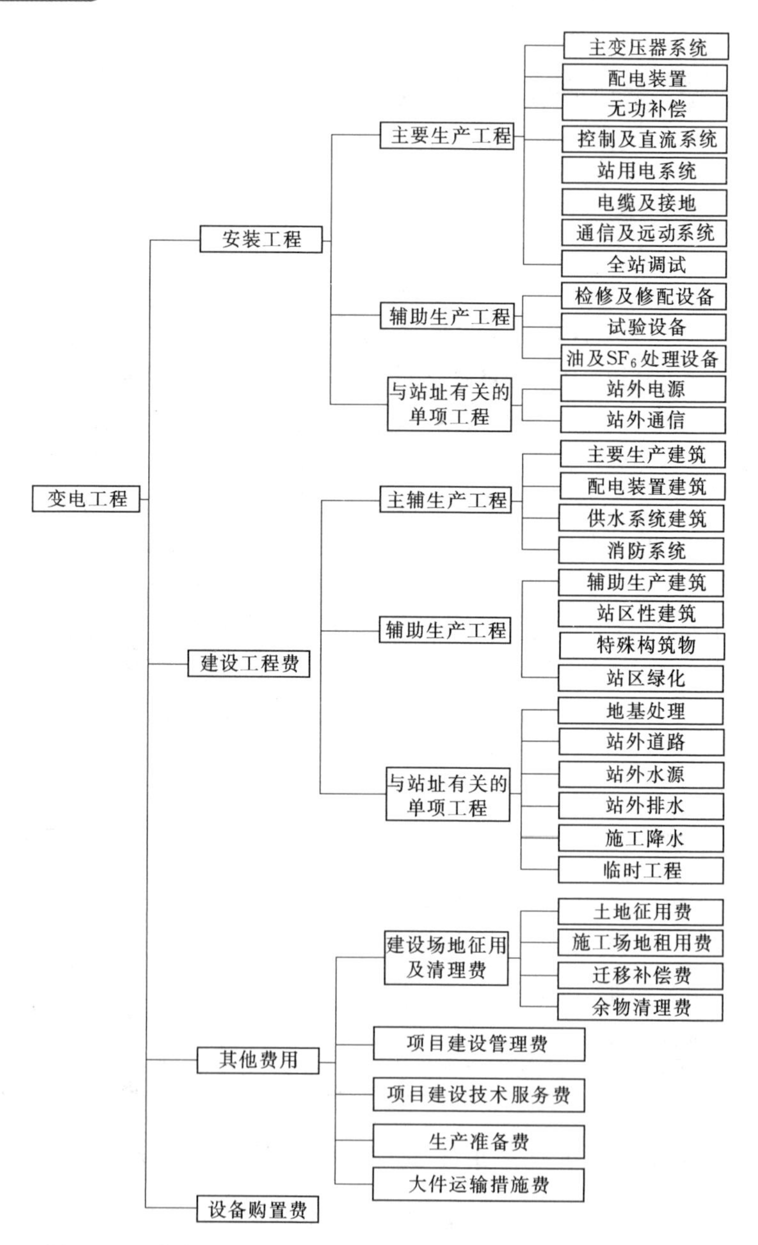

图 5-14 变电工程主要分析影响工程造价控制的主要指标和因素

1. 建筑工程费影响因素

根据输变电工程特点，其中变电工程中的建筑工程单位工程包括主要生产建筑、配电装置、供水系统建筑、消防系统、辅助生产工程、站区性建筑、特殊构筑物及站区绿化、与站址有关的单项工程。对上述包含的子内容进行造价控制的主要指标和因素识别，其结果如下所述。

(1) 主要生产建筑。主要生产建筑主要分为主控楼、继电器室和配电装置室，建筑费用一般分为一般土建、给排水、采暖通风及空调、照明，主要影响因素为主变压器规模、布置形式、建筑面积、建筑体积、地形比例、地质比例、气候条件。造价控制的主要指标及影响因素的分布图如图 5-15 所示。

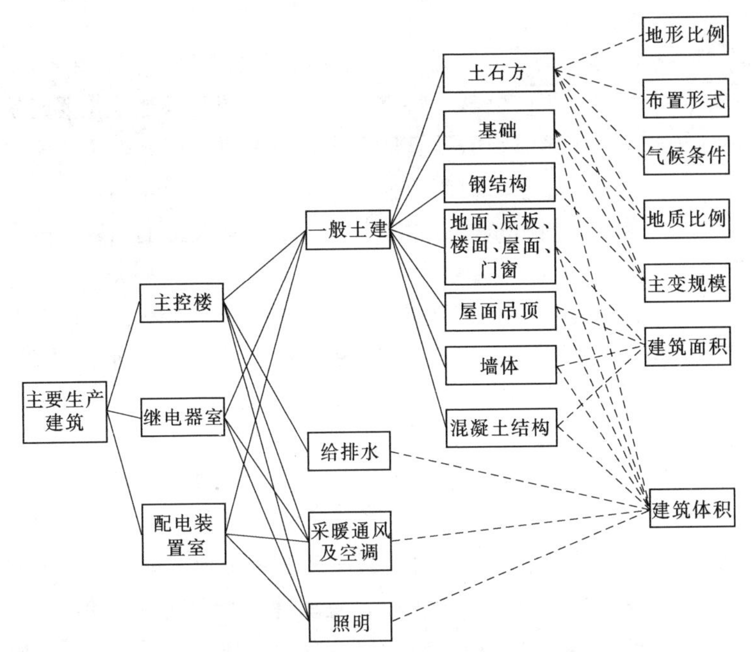

图 5-15　造价控制的主要指标及影响因素的分布图

(2) 配电装置。配电装置主要分为主变压器系统、高压电抗器系统、构架及设备基础、串联补偿系统、低压电容器、低压电抗器、静止无功补偿装置、站用变压器系统、栏栅及地坪、配电装置区域地面封闭、避雷针塔、电缆沟道，建筑费用一般分为构支架、设备基础、油坑及卵石、防火墙、事故油池，主要影响因素为主变压器规模及电压等级、容量、布置形式、地形比例、地质比例、出线回路数及规模。配电装置造价控制的主要指标及影响因素的分布图如图5-16所示。

（3）供水系统建筑。供水系统建筑主要分为站区供水管道、供水系统设备、综合水泵房、蓄水池，建筑费用一般分为一般土建、设备及管道、采暖及通风、照明、水池，主要影响因素为主变压器规模、建筑面积、建筑体积、地形比例、地质比例、气候条件。供水系统建筑造价控制的主要指标及影响因素的分布图如图5-17所示。

（4）消防系统。消防系统主要分为消防水泵室、雨淋阀室、站区消防管路、消防器材、特殊消防系统、消防水池，主要建筑费用分为一般土建、设备及管道、采暖及通风、照明，主要影响因素为主变压器规模、建筑面积、建筑体积、地形比例、地质比例、气候条件。消防系统造价控制的主要指标及影响因素的分布图如图5-18所示。

（5）辅助生产工程。辅助生产工程主要分为综合楼、警卫楼、雨水泵房，主要建筑费用分为一般土建、给排水、采暖、通风及空调、照明，主要影响因素为主变压器规模、布置形式、建筑面积、建筑体积、地形比例、地质比例、气候条件。辅助生产工程造价控制的主要指标及影响因素的分布图如图5-19所示。

（6）站区性建筑。站区性建筑主要分为场地平整、站区道路及广场、站区排水、围墙及大门，主要建筑费用分为场地平整、设备及管道、围墙及大门，对于整个造价控制的主要指标及影响因素为主变压器规模、建筑面积、建筑体积、地形比例、地质比例、气候条件。站区性建筑造价控制的主要指标及影响因素的分布图如图5-20所示。

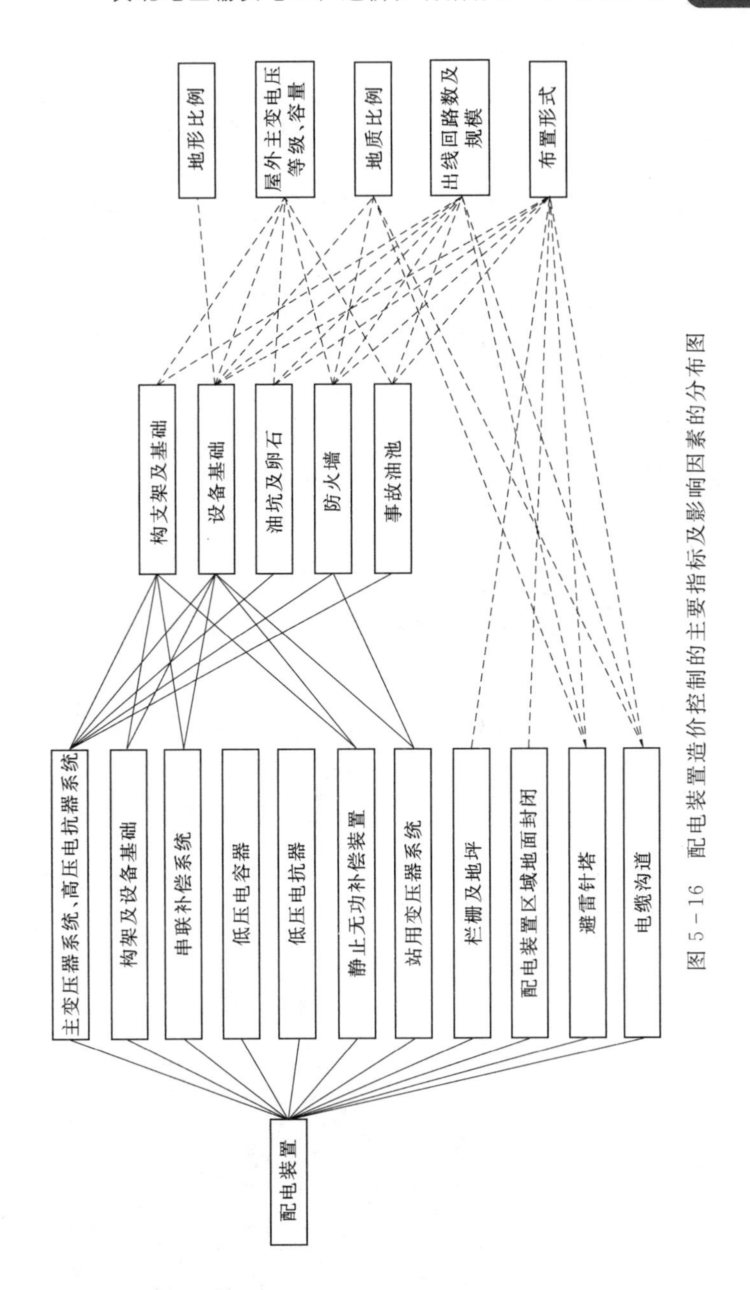

图5-16 配电装置造价控制的主要指标及影响因素的分布图

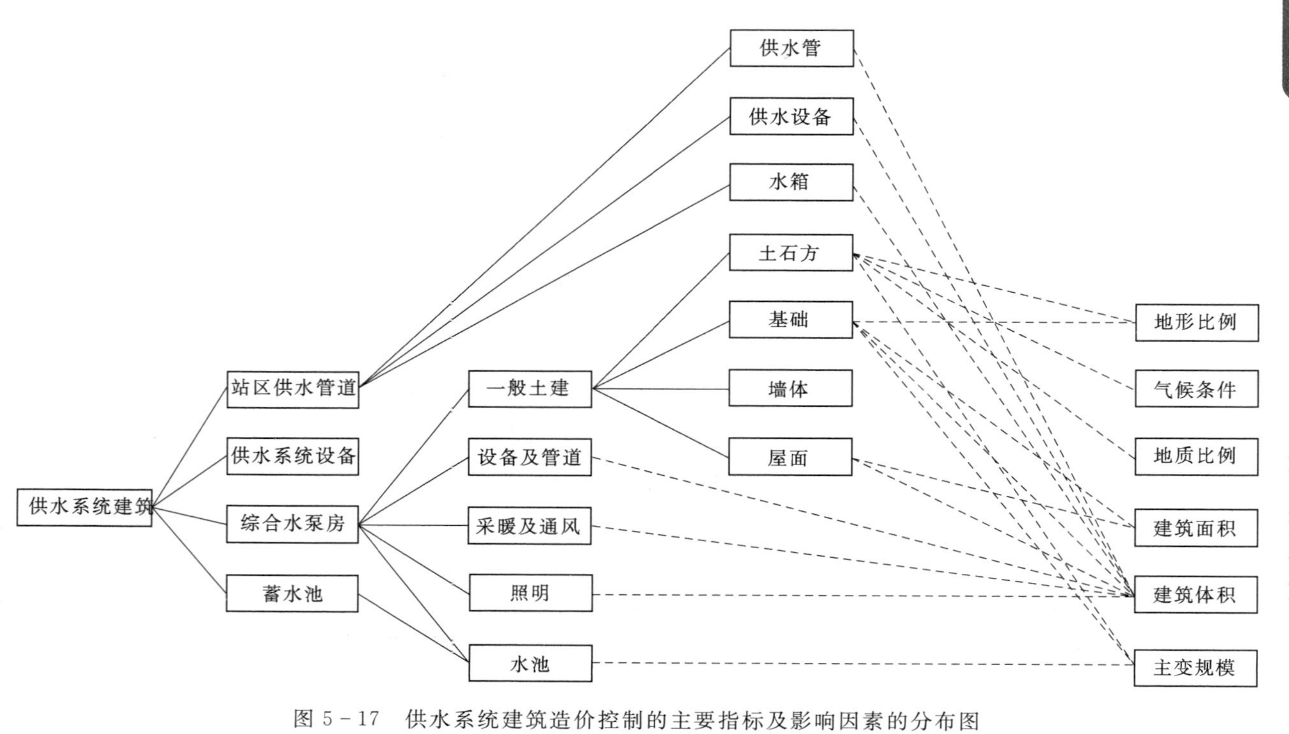

图5－17 供水系统建筑造价控制的主要指标及影响因素的分布图

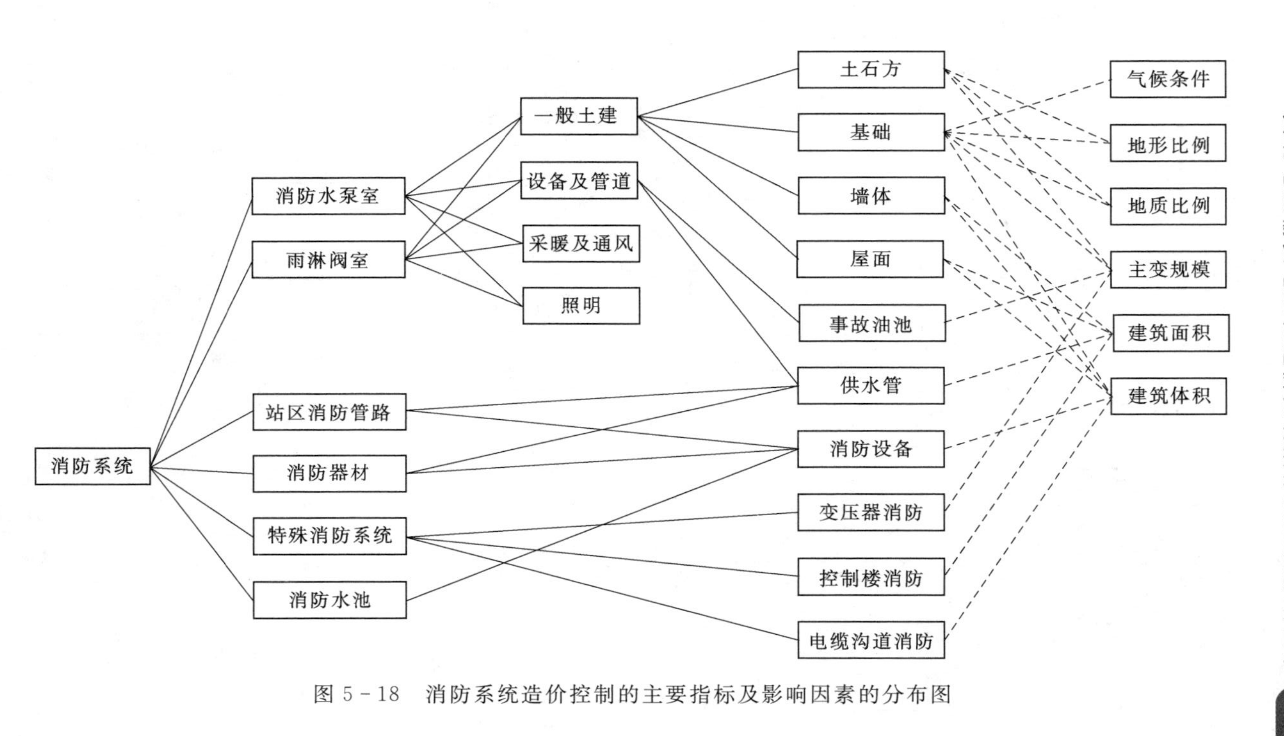

图 5-18 消防系统造价控制的主要指标及影响因素的分布图

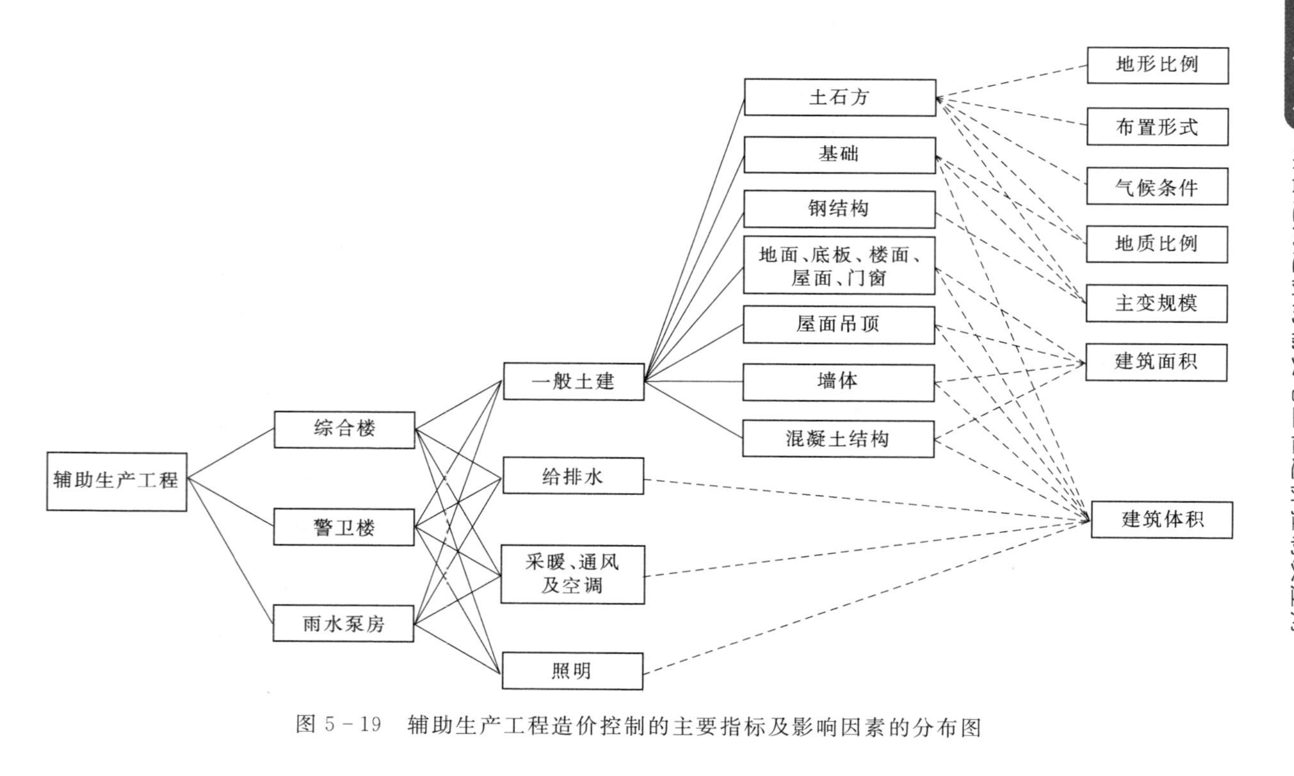

图5-19 辅助生产工程造价控制的主要指标及影响因素的分布图

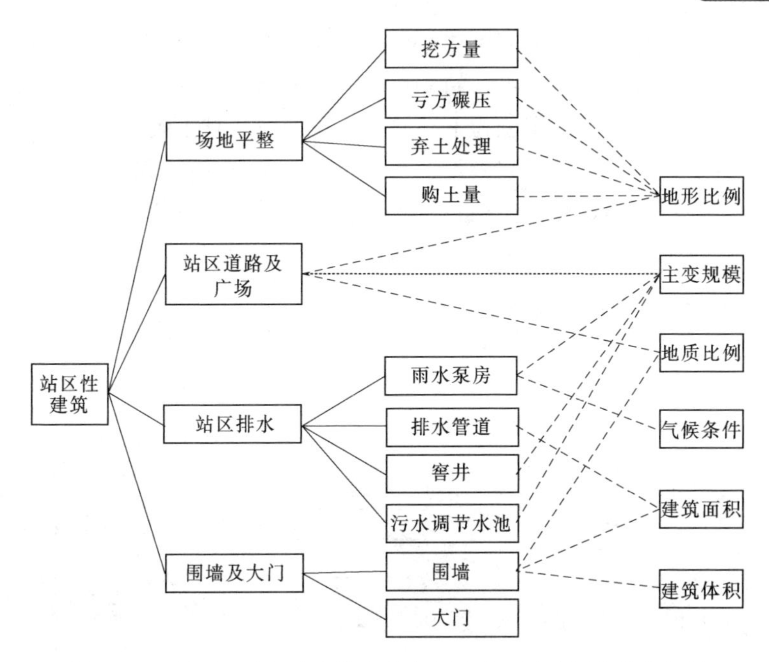

图 5-20　站区性建筑造价控制的主要指标及影响因素的分布图

(7) 特殊构筑物及站区绿化。特殊构筑物主要分为挡土墙、护坡、防洪排水沟，主要影响因素为建筑体积、地形比例、地质比例。站区绿化主要影响因素为绿化面积与草皮选型。特殊构筑物及站区绿化造价控制的主要指标及影响因素的分布图如图 5-21 所示。

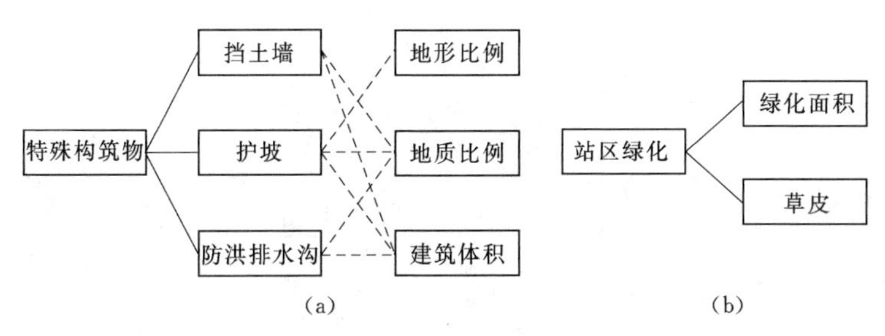

图 5-21　特殊构筑物及站区绿化造价控制的主要指标及影响因素的分布图

（8）与站址有关的单项工程。与站址有关的单项工程主要分为地基处理、站外排水、站外道路、站外水源、施工降水、临时施工，主要建筑费用分为道路路面、土石方、挡土墙、护坡、排水沟、桥涵，主要影响因素为主变压器规模、建筑面积、建筑体积、地形比例、地质比例、气候条件。与站址有关的单项工程造价控制的主要指标及影响因素的分布图如图5－22所示。

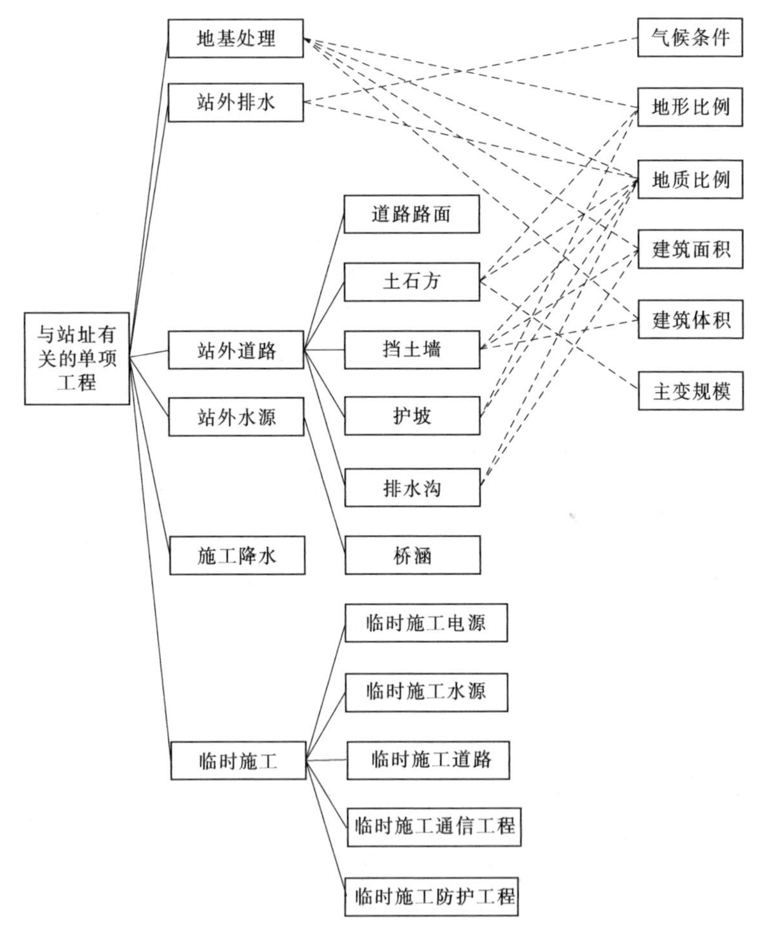

图5－22　与站址有关的单项工程造价控制的主要指标及影响因素的分布图

2. 安装工程费造价控制指标和主要影响因素

安装工程包括主变压器系统、配电装置、无功补偿、控制系统、站用电系统、电缆及接地、通信及远动系统。对上述部分的造价控制指标和主要影响因素进行分析如下所述。

(1) 主变压器系统。主变压器压系统主要分为主变压器、避雷器、电流互感器、隔离开关、户外单项接地开关、带型母线安装、母线伸缩头、支柱绝缘子、悬垂绝缘子、引下线、跳线及设备连引线安装，主要影响因素为电压等级。造价控制指标和主要影响因素的分布图如图 5-23 所示。

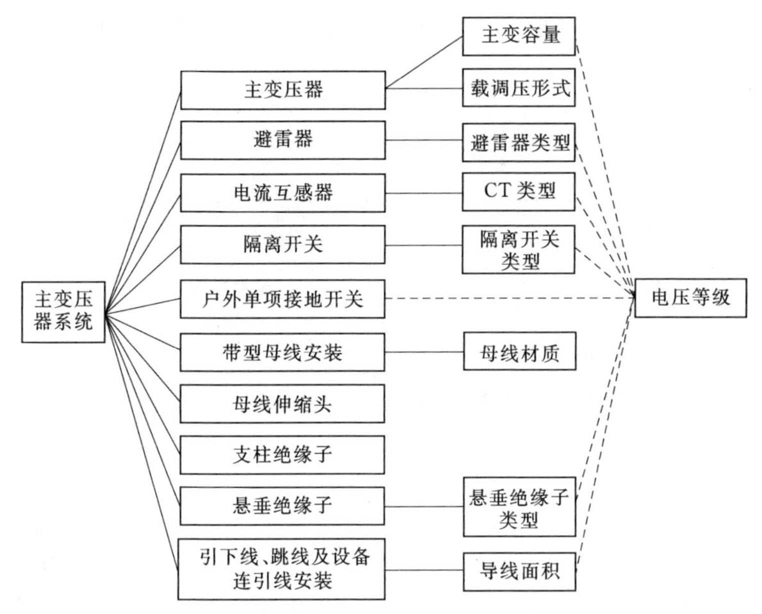

图 5-23 主变压器系统造价控制指标和主要影响因素分布图

(2) 配电装置。配电装置主要分为断路器、配电装置型式、敞开式组合电器、避雷器、隔离开关、电流互感器、电压互感器、高压成套配电柜、母线、穿墙套管、支柱绝缘子、悬垂绝缘子、铁构件制作安装、保护网，主要影响因素为电压等级。配电装置造价控制指标和主要影响因素的分布图如图 5-24 所示。

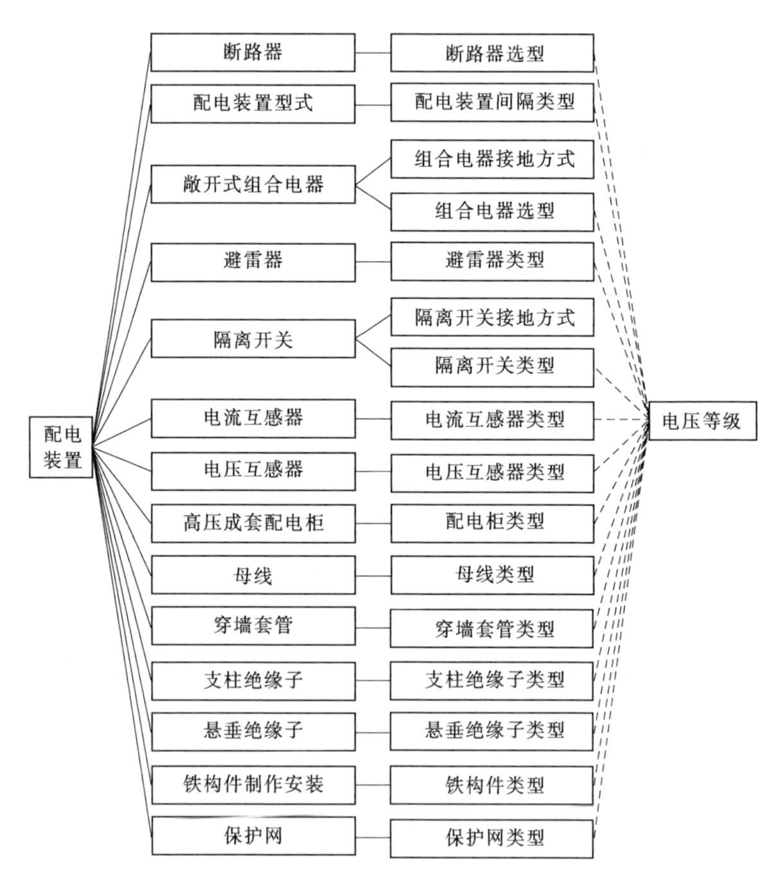

图 5－24　配电装置造价控制指标和主要影响因素分布图

(3) 无功补偿。无功补偿主要分为高压电抗器、低压电抗器、低压电容器、隔离开关，其中影响因素为各种无功补偿装置的类型及数量，主要影响因素为主变压器规模、电压等级。无功补偿造价控制指标和主要影响因素的分布图如图 5－25 所示。

(4) 控制及直流系统。控制及直流系统主要分为智能辅助控制系统、继电保护、直流系统及 UPS、在线监测系统、计算机监控系统，其中影响因素为各系统运载设备的类型及数量，主要影响因素为主变压器规模、电压等级。控制及直流系统造价控制

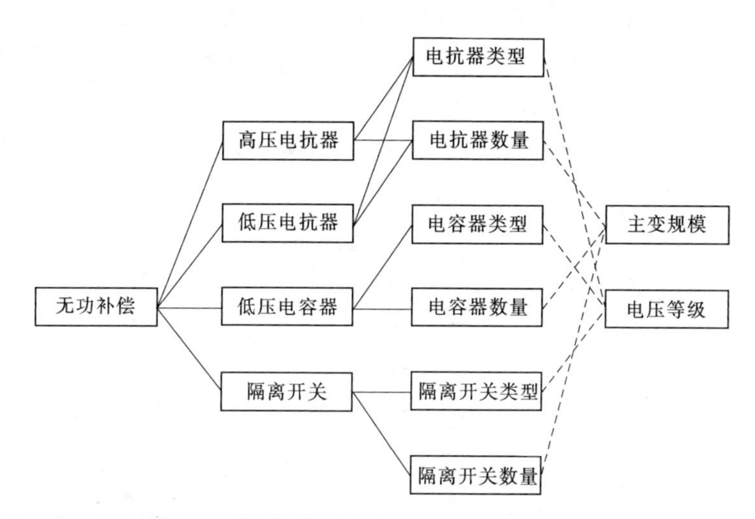

图 5-25　无功补偿造价控制指标和主要影响因素分布图

指标和主要影响因素的分布图如图 5-26 所示。

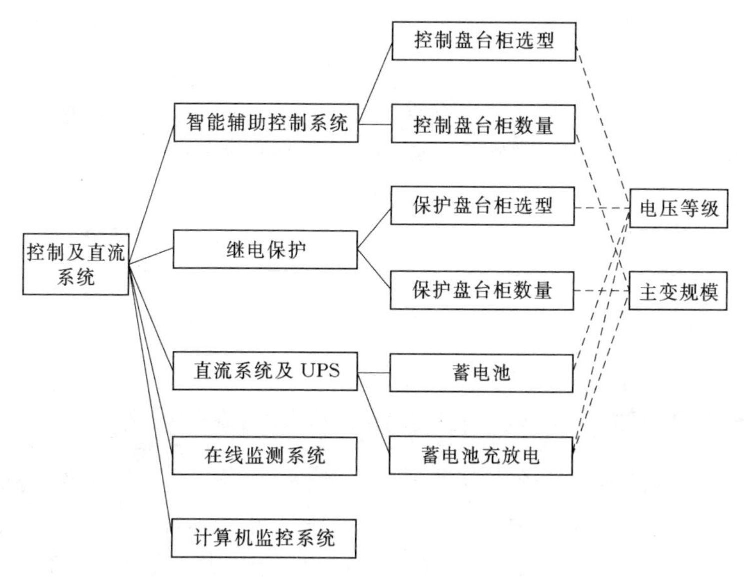

图 5-26　控制及直流系统造价控制指标和主要影响因素的分布图

(5) 站用电系统。站用电系统主要分为站用变压器、站用配电装置、站区照明，主要影响因素为站用变载调压形式、站用变电压等级、站用屏选型、站用屏大小、消弧线圈等。站用电系统造价控制指标和主要影响因素的分布图如图 5-27 所示。

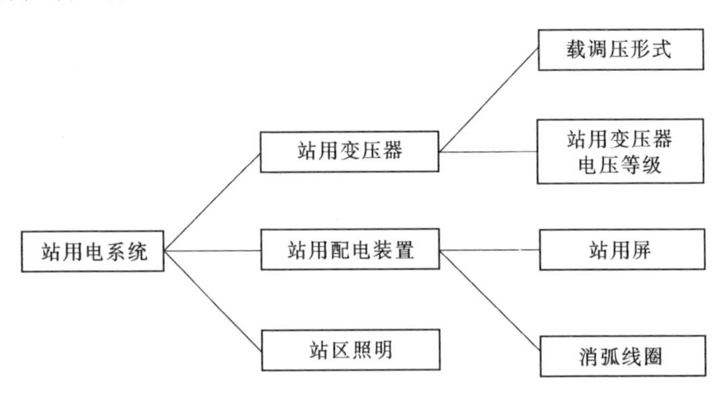

图 5-27　站用电系统造价控制指标和主要影响因素的分布图

(6) 电缆及接地。电缆及接地主要分为电力电缆、控制电缆、电缆辅助设备、电缆防火、接地及化学降阻剂，造价控制指标和主要影响因素为电缆长度、回路数、电压等级、控制电缆型号、附注支架、电缆防火设备选型及数量。电缆及接地造价控制指标和主要影响因素的分布图如图 5-28 所示。

(7) 通信及远动系统。通信及远动系统主要分为通信系统、远动及计费系统，主要设备为耦合电容器、结合滤波器、阻波器、程控交换机、综合配线架、电缆，主要影响因素为电压等级、系统规模。通信及远动系统造价控制指标和主要影响因素的分布图如图 5-29 所示。

5.3.2　线路工程造价主要控制指标和影响因素

线路工程造价影响因素识别：按照“分解-集成”思想，在因素识别阶段时将输变电工程进行分解，形成研究子模块。首先从工程特性出发，输变电工程可以分为变电站（换流站）工程、输电线路工程。线路工程，按单位工程费用划分，细化为基础工

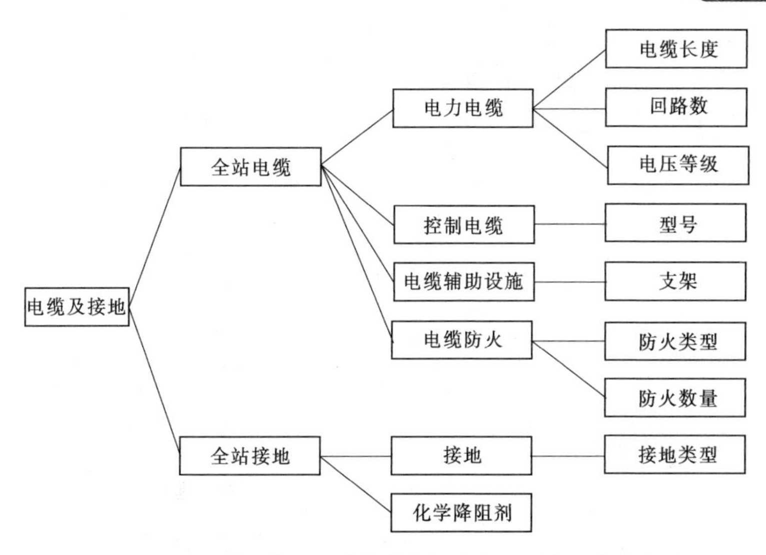

图 5-28　电缆及接地造价控制指标和主要影响因素分布图

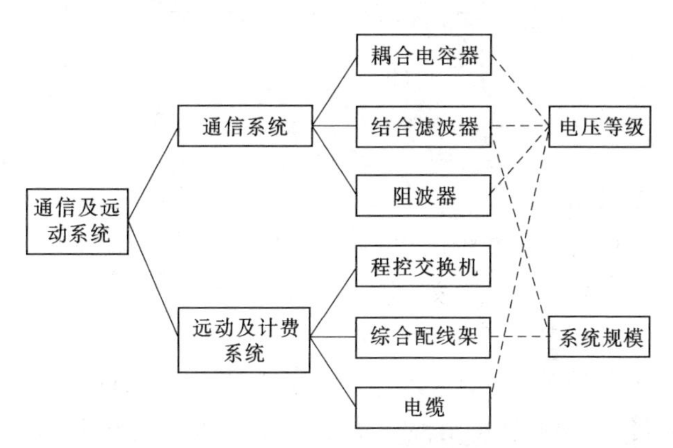

图 5-29　通信及远动系统造价控制指标和主要影响因素分布图

程、杆塔工程、接地工程、架线工程、附件工程、土石方工程、大跨越工程、其他费用、动态费用。

线路工程静态投资主要组成为一般线路本体工程费用、辅助工程费用和其他费用。一般线路工程静态投资主要组成如图 5-30 所示。

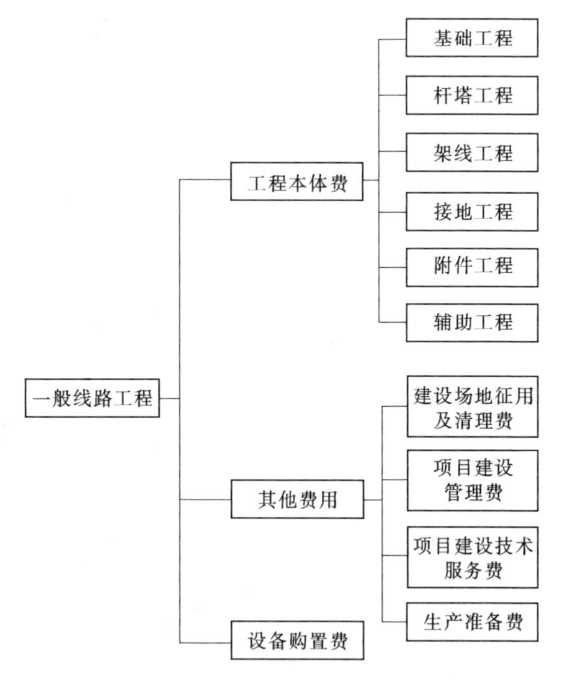

图5-30 一般线路工程的组成部分

1. 基础工程

影响基础工程造价的主要指标包括材料的运输、土石方工程、砌筑、防腐、地基处理等费用，费用因素主要包括各类基础价格、基础钢材价格、角钢价格、螺栓价格、混凝土费用、砌筑费用，量的指标以及主要因素主要包括基础尺寸、钢材量、混凝土浇制方式及混凝土量，价因素主要包括混凝土单价、钢材单价，技术指标以及主要因素主要包括地质比例、基础型式、杆塔高度、杆塔重量、混凝土制备方式、混凝土强度等级、砌筑方式、砌筑类型，基础工程造价控制指标以及主要因素见表5-3。

2. 杆塔工程

影响杆塔工程造价指标主要包括杆塔工程材料工地运输、杆

表 5-3　　基础工程造价控制指标以及主要因素

费用指标及因素	量指标及因素	价指标及因素	技术指标及因素
各类基础价格	基础尺寸	混凝土单价	地质比例
基础钢材价格	钢材量	钢材单价	基础型式
角钢价格	混凝土浇制方式		杆塔高度
螺栓价格	混凝土量		杆塔重量
其他钢材价格			混凝土制备方式
混凝土费用			混凝土强度等级
护坡、挡土墙及排洪沟砌筑费用			护坡、挡土墙及排洪沟砌筑方式
材料运输			砌筑类型
地形增加费			

塔组立等费用，费用因素主要包括角钢塔价格、钢管塔价格、钢管杆价格、混凝土杆价格、接地装置价格、杆塔组立安装价格、各类型杆塔塔材费、地形增加费、材料运输价格，量的指标和因素主要包括各型杆塔塔材量、各型杆塔塔基数、每基塔材量、每基重量，价的指标和因素主要包括各型杆塔塔材单价，技术指标及因素主要包括电压等级、地形比例、线路长度、风速、覆冰、回路数、导线线材、杆塔高度、高强钢塔材比例、耐张转角塔比例、高塔比例，杆塔工程造价控制指标以及主要因素见表 5-4。

表 5-4　　杆塔工程造价控制指标以及主要因素

费用指标及因素	量指标及因素	价指标及因素	技术指标及因素
角钢塔价格	各型杆塔塔材量	各型杆塔塔材单价	电压等级
钢管塔价格	各型杆塔塔基数		地形比例
钢管杆价格	每基塔材量		线路长度
混凝土杆价格	每基重量		风速
接地装置价格			覆冰
杆塔组立安装价格			回路数

续表

费用指标及因素	量指标及因素	价指标及因素	技术指标及因素
各类型杆塔塔材费			导线线材
地形增加费			杆塔高度
材料运输价格			高强钢塔材比例
			耐张转角塔比例
			高塔比例

3. 架线工程

影响架线工程造价的指标及因素主要包括架线工程材料工地运输、导地线架设、导地线跨越架设、其他架线工程等费用，费用指标和因素主要包括牵张场地建设价格、导线材料费、导线架设费、地形增加费、材料运输价格、跨越架设费，量指标以及主要因素主要包括线路长度、线材量、牵张场数量、跨越次数，价指标以及主要因素主要包括导线单价，技术指标以及主要因素主要包括导线分裂数、回路数、地形比例、被跨越物类型、被跨越物特征、输送容量、导线材质、单根导线面积、导线芯数、电压等级，架线工程造价控制指标以及主要因素见表5-5所示。

表5-5　　架线工程造价控制指标以及主要因素

费用指标及因素	量指标及因素	价指标及因素	技术指标及因素
牵张场地建设价格	线路长度	导线单价	导线分裂数
导线材料费	线材量		回路数
导线架设费	牵张场数量		地形比例
地形增加费	跨越次数		被跨越物类型
材料运输价格			被跨越物特征
跨越架设费			输送容量
			导线材质
			单根导线面积
			导线芯数
			电压等级

4. 附件安装工程

影响附件安装工程造价的指标和主要因素主要包括附件安装工程材料工地运输、绝缘子串及金具安装等，费用指标和因素主要包括绝缘子串安装价格、其他附件安装价格、绝缘子串材料费、其他附件材料费、地形增加费、材料运输价格，量指标以及主要因素包括塔基数、回路数、绝缘子串输量、附件数量，价指标以及主要因素主要包括绝缘子串、附件单价，技术指标以及主要因素主要包括导线分裂数、绝缘子等级、绝缘子类型、输送容量、导线材质、单根导线面积、电压等级、线路长度、地形比例，附件安装工程造价控制指标以及主要因素见表5-6。

表5-6　附件安装工程造价控制指标以及主要因素

费用指标及因素	量指标及因素	价指标及因素	技术指标及因素
绝缘子串安装价格	塔基数	绝缘子串	导线分裂数
其他附件安装价格	回路数	附件单价	绝缘子等级
绝缘子串材料费	绝缘子串输量		绝缘子类型
其他附件材料费	附件数量		输送容量
地形增加费			导线材质
材料运输价格			单根导线面积
			电压等级
			线路长度
			地形比例

5. 线路工程其他费用影响因素

线路工程其他造价控制指标以及主要因素由建设场地征用及清理费、项目建设管理费、项目建设技术服务费、生产准备费等费用组成，费用因素及因素包括土石方开挖及回填费用、建设场地征用费、塔基补偿费、迁移补偿费、送电线路走廊施工赔偿、余物清理、主材价差、青苗/经济作物/城市绿化补偿、林木迁移费用、建/构筑物迁移价格费用、电力/通信线路迁移费用、道路/管道迁移费用，量指标及因素主要包括青苗补偿面积、迁移面积、青苗赔偿面积、拆除体积/长度、定额人工价差、定额材料价差、定额机械价差、主材单价差，价指标及因素主要包括青苗迁移单价、补偿单价、青苗赔偿单价、拆除单价、主材量差，技术指标及因素主要包括电压等级、输送容量、回路数、线路长度、杆塔型式、塔基数、架线方式、地区政策、地区经济水平、施工水平，线路工程其他的造价控制指标以及主要因素见表5-7。

表5-7 线路工程其他的造价控制指标以及主要因素

费用指标及因素	量指标及因素	价指标及因素	技术指标及因素
土石方开挖及回填费用	青苗补偿面积	青苗迁移单价	电压等级
建设场地征用费	迁移面积	补偿单价	输送容量
塔基补偿费	青苗赔偿面积	青苗赔偿单价	回路数
迁移补偿费	拆除体积/长度	拆除单价	线路长度
送电线路走廊施工赔偿	定额人工价差	主材量差	杆塔型式
余物清理	定额材料价差		塔基数
主材价差	定额机械价差		架线方式
青苗/经济作物/城市绿化补偿	主材单价差		地区政策
林木迁移费用			地区经济水平
建/构筑物迁移价格费用			施工水平
电力/通信线路迁移费用			
道路/管道迁移费用			

6. 结合发展趋势分析的输变电工程造价分析及控制展望

由于输变电工程影响因素众多，除了根据相关历史数据进行总结分析外，还需要注意输变电工程建设的时效性。对于上述的控制指标和影响因素，必须注意结合发展趋势进行分析，尤其是对于关键的指标及影响因素的变化，要结合新形势对整个造价波动进行分析和控制。

在对关键指标进行趋势分析时，一般需要假定关键影响因素变化趋势分析的边界条件，主要的三点假设为：

（1）趋势分析期间国民经济稳定增长的边界条件假设。

（2）趋势分析期间相关产品销售价格、销售形式的变动范围假设。

（3）其他不可抗力及可预见因素对造价可能造成的重大不利影响评估。

对上述假设形成判定后，输变电工程造价控制指标体系以及冀北地区输变电工程造价控制指标库中的历史数据，进行输变电工程费用变化趋势分析（一级、二级指标）以及结合实际情况（如冀北地区）造价控制指标变化趋势分析（四级指标及其衍生项），逐级进行趋势分析，汇总形成一级及二级指标费用趋势分析结论，最终给出造价分析结果以及控制建议。

在结合发展趋势进行输变电工程造价前瞻性的分析和预估时，由于对于未来发生情景时预测和估计的，很多关于未来情况下的关键影响因素变化趋势的数据来源并不规范，在形成原始数据时有一定的杂乱性和不完整性，有可能会影响到对关键影响因素指标的预估不准确，代入本书中的 Elman 神经网络预测模型中可能会较为严重地影响模型算法的执行效率，甚至导致计算结果的偏差，为此，在趋势分析运算之前需对原始数据进行预处理，以改进数据的质量，尽可能提高数据挖掘过程的效率、精度和性能。

此外，对于预估因素值，尽量采用量化值进行指标因素值的分析及校验，尽可能地对将定性分析，以及对前景预估情况的定性值予以量化，并利用因素的量化值进行趋势分析。

结合趋势分析对输变电工程进行预估时，在一般情况下，趋势分析结果与实际结果有一定的偏差，为保证计算精度，尽量将样本集分为训练模型样本和校验样本，根据趋势分析值与实际值的偏差程度对分析模型参数进行调整，使得调试后的模型最大程度上满足造价分析精度的要求。

在结合趋势分析进行造价分析后，在形成造价的控制决策时，需要尽可能地预估到各种可能出现情形下的预测方案，随着大数据技术以及电力工程的开展，注意尽可能地收集相关数据源产生的相关数据，利用较新的数据挖掘算法，给出相关决策规则，为未来输变电工程造价分析和控制以及投资决策使用。

参考文献

[1] 电力工程造价与定额管理总站. 电力建设工程概预算定额2016年价格水平调整文件汇编 [M]. 北京：中国电力出版社，2017.

[2] 王祯显. 模糊数学在土建工程中招标投标的应用 [J]. 土木工程学报，1986 (2)：88-92.

[3] 郭彪，周雯雯，李智威. 基于灰色关联度方法的电网技改项目造价关键因素识别 [J]. 财会通讯，2019 (29)：92-95.

[4] 黄小龙. 基于蒙特卡洛法的输变电工程造价风险评估模型研究 [J]. 现代电子技术，2017，40 (20)：178-180.

[5] 刘冰旖. 输变电工程造价智能分析模型与应用研究 [D]. 北京：华北电力大学，2016.

[6] 王晓晖，温卫宁，卢艳超，徐丹. 基于EEMD-BP的输变电工程造价不确定因素预测 [J]. 中国电力企业管理，2016 (6)：79-84.

[7] 齐霞，王绵斌，张妍，王建军，张晓曼. 高维小样本条件下的变电工程造价预测研究 [J]. 湘潭大学自然科学学报，2016，38 (4)：112-115.

[8] 司海涛. 有小样本数据特征的输变电工程造价估算与灵敏度研究 [D]. 重庆：重庆大学，2010.

[9] 韦俊涛. 电力工程造价小样本估算模型研究 [D]. 重庆：重庆大学，2009.

[10] 高晓彬，胡晋岚. 输变电工程造价指数体系构建及计算方法研究 [J]. 科技和产业，2016，16 (10)：48-52.

[11] 牛东晓，刘金朋. 输变电工程造价管理 [M]. 北京：中国电力出版社. 2016.

[12] 曹建平，袁瑛，徐春华. 基于深度学习的输变电工程造价异常识别与应用 [J]. 工业控制计算机，2018，31 (1)：117-118.

[13] 徐焜耀，谢兵，杨蕴华，彭光金，曹端，孟卫东. 聚类改进算法在电力工程造价估算中的应用 [A]. 电网工程造价管理优秀论文 [C]. 2011：5.

[14] 谈元鹏，许刚，赵妙颖. 电力工程造价的随机权深度神经学习估算方法 [J]. 计算机工程与应用，2015，21：213-218.